U0085101

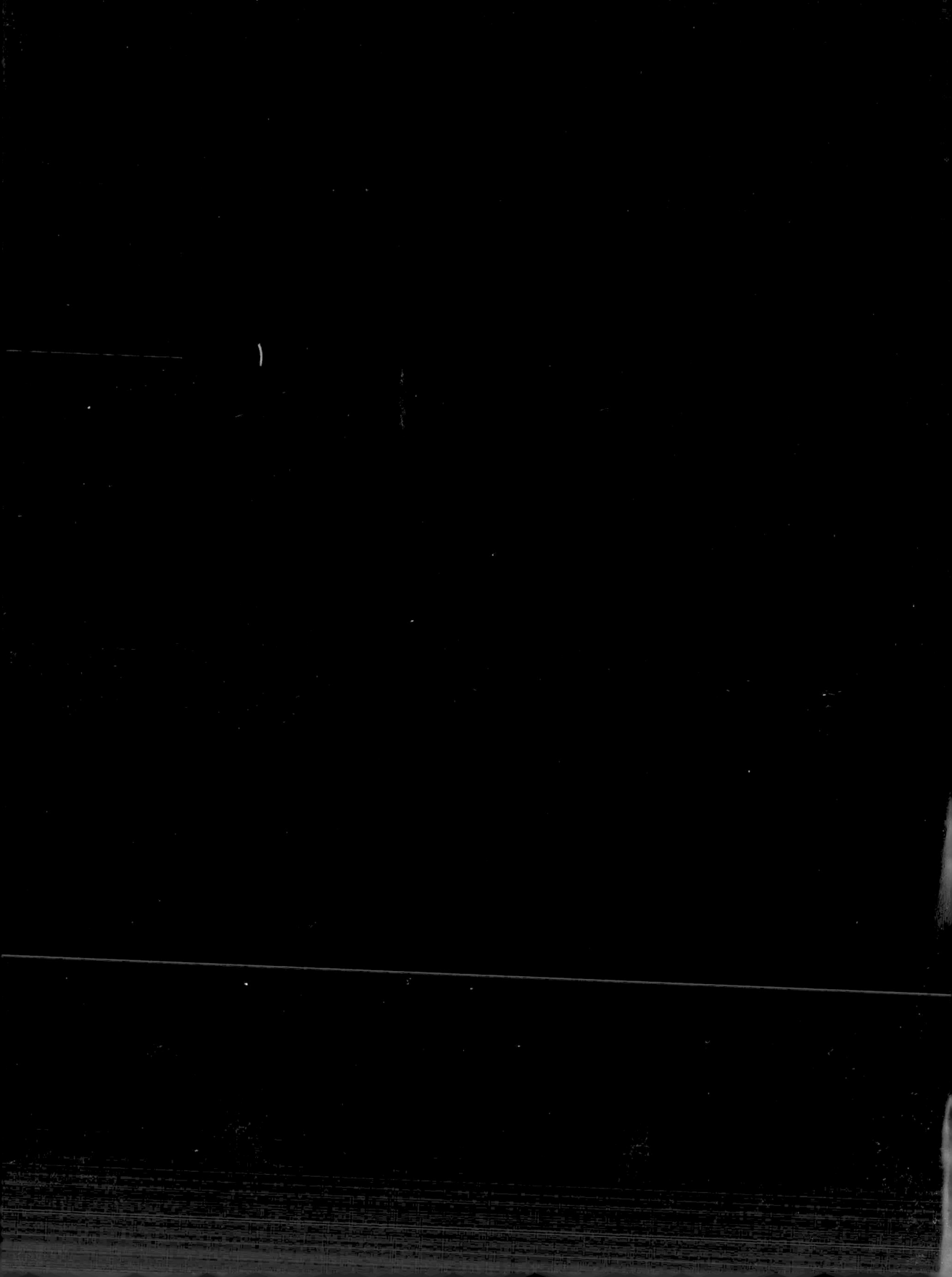

# 這些大廚教我做的菜

## 理論廚師的實驗廚房

A THEORETICAL COOK'S
EXPERIMENTAL
KITCHEN

圖/文 黃舒萱 Verano

朱雀文化

## 作者序　一切都是為了吃

**我這個好吃懶做，又總是半途而廢的傢伙，怎會狂熱地投入料理與烘焙呢？其實這點連我自己也覺得很神奇！**

# 「理論廚師的實驗廚房」的故事：

婚後不久我辭去工作，搬到Mr.Lee＊當時就業的地方，一個只有2萬人口的鄉下小鎮。美國鄉下的食物只有一句話可以形容：「非常難吃！」要吃到美味健康的食物，也只有自己親自下廚才能嘗到；剛好給我機會「實驗」老是被Mr.Lee訕笑的我的「理論」食譜。

進入廚房，因為我對自己的缺點非常了解，於是乎我做菜的終極目標為避免失敗。為達到這個目標，我開始研讀名廚與知名料理學府出版的書籍，實驗每道菜之前，都會努力分析與比較不同食譜，盡可能地在最少數的實驗內，也就是我只有三分鐘的熱情冷卻之前，把我想吃到的料理或是甜點做出來，畢竟我跨出「理論廚師」的框框並不代表可以一反平日的性格，再貪吃的懶人也是有極限的。

除了要盡力避免失敗外，我做菜還很精打細算，斤斤計較的不在於食材的成本，而是在我的付出能夠換得多少的美味。反正抱持隨便的心態去燒菜也是費力氣，換成認真的態度去做也是工，同樣是付出，不同的心態卻有不同的結果，我選擇吃到值得我每一分付出的美味，這樣才覺得沒有虧待自己。我覺得做菜的最大回饋，不外乎就是吃到能夠讓自己的味蕾感動的食物！

開始下廚沒多久，我的廚房隨即推出一道又一道的「實驗」，Mr.Lee每天回到家都有新的料理或是甜點可以嘗試，非常幸福。可是呢，付諸行動的「理論廚師」，每天除了在廚房揮舞鍋鏟的時間外，仍舊有很多時間要填滿，史有太多「愛說話能

量」無處宣洩，因為Mr.Le上班的時候，我成天「呆家裡跟貓咪們喵喵喵地互已。於是開始在網路上寫的料理與烘焙日記，自認即為「理論廚師的實驗廚房恰當不過。

一開始Mr.Lee對我的網路和廚房各種實驗能夠維持沒什麼信心。他篤定那只是「過渡期」，他認為等我無法貫徹始終的特性發揮了大概會去追求更新奇的嗜以我的記錄，要是三兩天棄也很難持久，如果能夠堅持3個月，便足已敲鑼打祝一番。所以Mr.Lee吃飯常講的話，是他如何地珍做給他的每一口美味，因一次不知道什麼時候才可到了。

誰也沒預料到料理與烘逐漸地成為我生活的重心

作者簡介
黃舒萱Verano
理論廚師，本書作者

與其說我是愛好烹調，不如說⋯是著迷於家中廚房能夠變出⋯美食，而至今已超過兩年的⋯續力在我來說還真是個人記⋯呢！其中讓我從只有「理論⋯」會做菜開始，變成能夠成⋯地實驗各式菜餚，並且實踐⋯式料理與烘焙理論的大功臣⋯Mr.Lee，他是我日記最忠實的⋯者，無論我實驗廚房推出的⋯道食物成功與否，他也是第⋯個嘗試到的小白鼠。我很感⋯他給予的鼓勵與支持，讓我⋯廚藝逐日成長。食譜日記跟⋯我成長，我也受到日記讀者⋯的鼓勵而更加努力！

以上是「理論廚師的實驗廚⋯」誕生的故事，同時也是我⋯懶惰＋沒毅力＋挑嘴的貪⋯鬼如何無可自拔地投入料理⋯烘焙的故事。回憶起來，覺⋯一切純屬意外，一個受美食⋯惑的美好意外。看來，為了

吃，世界上沒有什麼天性上的缺點是不能克服的。

《這些人廚救我的菜》，記載的是我跨出單只是「理論上會做菜」後一路「煮」來的心得與趣事，因而也可以稱之為我追求美食的歷程。這本書承續我網路上的日記，藉此書我想與讀者分享的不只是理論和閱讀名廚食譜所領悟與學習到的訣竅，我更希望能夠藉由我的日記與故事，和讀者分享為追求美味而料理和烘焙的樂趣，並且希望能夠鼓勵同樣愛好美食但怯於下廚的朋友們：在家烘焙和料理並不困難，即使是看似艱難的菜餚和甜點，只要在食材上講究，然後細心地去做，再加上無比的耐心，任何人都可以做出令人感動的美味喔！

如果有關於這本書的任何疑問及想法，請寄信到這裡：
askverano@gmail.com

)) 喜好
喜愛美麗的事物，像是美食和美麗的瓷器，還有動物。

)) 個性
害羞但長舌；好奇心強加上興趣廣泛，可惜好吃懶做；做事虎頭蛇尾，更缺乏貫徹始終的毅力；雖然個性既固執、挑剔又是完美主義者，可是很怕麻煩⋯⋯總之是充滿自相矛盾的性格。

)) 「理論廚師」稱號的由來：
Verano自幼兒就愛看媽媽煮菜，可以不哭不鬧地坐在嬰兒椅裡數小時看媽媽做菜，長大後最愛觀賞烹飪節目與閱讀各式料理書籍，吸收了不少烹調與烘焙「理論」。Verano雖然擅長各式理論，婚前卻很少下廚，光是會吃與發表理論，最常說：「理論上這道菜是這樣煮」「理論上那道菜是那樣煮的⋯⋯」，於是乎被Mr.Lee稱為「理論廚師」。乍聽之下是頗好聽，實際上Mr.Lee是在揶揄Verano光是「理論上」會做菜，至於實質上會不會則是另一回事。
＊關於Mr. Lee，請見本書P.17。

A THEORETICAL COOK'S
EXPERIMENTAL KITCHEN

# 我照妳的做法真的成功了！

## 輕鬆閱讀理論廚房食譜的方法

我選擇閱讀名廚撰寫的英文食譜的其中一個主要原因，是他們的食譜寫得非常詳盡，大大的提高實驗成功機率。怎麼說呢？我發現很多時候食譜的作者為了讓食譜看起來很簡單，又或許是為了省筆墨?(喔不對，現在都是用電腦打，那是為了省電費？)步驟寫得過份簡略，舉例來說：同樣一個將奶油和麵粉混合的動作，可以寫成：

1 將奶油加入麵粉中，混合。
  也可以

2 將奶油切成丁狀與麵粉混合，並用手指將奶油用擠捏的方式和麵粉混合，奶油要擠壓到米粒大小。

2雖然看起來複雜又囉唆，可是這樣的步驟讓讀者很清楚地知道該在什麼時候停止混合的動作，而且奶油和麵粉混合的動作看似簡單，卻是大大影響成品口感的關鍵步驟。以做派皮來說，奶油留大塊一些，烤出來的派皮層次比較多，像是可頌麵包(Croissant)的那種酥鬆口感；奶油壓到米粒大小的派皮則比較緊密，口感非常的酥，像奶油餅乾，但是不會有一層一層的質感。同樣的材料，可是做出兩種派皮的用處不同、口感不盡相同、作用也不同。

奶油和麵粉混合的動作難？

誰？不難，任何人都可以把奶油擠捏成米粒大小，但是食譜沒寫的話，並不是每個人都知道要這麼做，偏偏成品的口感跟奶油擠壓的大小有關，專業水準的品質和業餘水準的成品往往差在一個小步驟是否有做了。所以很多人都以為名廚卓越的廚藝一定是因為他們偷偷保留了什麼祕訣不肯傳授，做出來的東西才比平常人優，其實不然，從派皮的例子中可以看出同一個食譜用不同的方式攪拌或混合，攪拌多久？混合到什麼程度？奶油混合的時候是液體、固體，還是介於兩種形態之間？做出來的成品都不同，因此一個細心的動作，就決定了專業與業餘的差別。

寫這本書的時候，我很用心地去寫，很多時候「混合」這個動作意旨混合均勻，沒特別要注意的地方，因此也少做說明，但另外一些時候成品會因為混合的不同而有所差異時，我則會特別去聲明「該注意的地方和其質感應當看來如何」。我努力地浪費電腦電源去打許多看似多餘的字，為的是希望讀者可以在最少的實驗內，做出成功的成品，甚至第一次就可以成功。事實上，我的部落格日記上最常收到的留言是：「我照妳的做法真的成功了！」還有：「很複雜的菜照妳的做法真的成功了」，「沒有想像的難，而且很好

吃」。這完全是因為我寫食譜的時候真的把我製作時，注意到的每個小細節寫出來，把我跟人廚們學到的，人廚叫叫嚷的，都寫下來。

所以不要嫌我有些食譜乍看之下又臭又長，那只是「看起來」很難，更別嫌我嘮叨，我也不是愛唸人，因為在你感到厭煩之前，我的手指已經要打字打出繭來了！

# CONTENTS

## 目 錄

作者序 一切都是為了吃 2
我照妳的做法真的成功了！ 4

### 理論1 蛋白霜 Meringue
手指餅乾Ladyfingers 10

巧克力蛋白霜餅乾
Chocolate Meringue Cookies 12

咖啡戚風蛋糕Coffee Chiffon Cake 14

仙女的手指餅乾Fairy's Fingers 16

### 理論2 義大利蛋白霜 Italian Meringue
蛋白霜水果塔Fruit Meringue Tart 20

巧克力冰舒芙蕾
Valrhona Chocolate Iced Soufflé 22

檸檬冰舒芙蕾Lemon Iced Soufflé 24

### 理論3 瑪德蓮 Madeleines
蜂蜜檸檬瑪德蓮
Honey Lemon Madeleine 28

蜂蜜抹茶瑪德蓮
Honey Macha Madeleine 30

### 理論4 當麵粉遇到液體…… When Flour Meets Liquid
藍莓瑪芬Blueberry Muffins 34

+ 香草奶油起司藍莓瑪芬
  Blueberry Cream Cheese Muffins 36

美式煎餅 Pancakes 38

核桃香蕉蛋糕
Banana Bread with Walnut 40

### 理論5 法國瓦片餅乾Tuiles
杏仁脆片Almond Tuiles 44

草莓千層脆塔
Strawberry Tuile Napoleon 46

貓舌頭餅乾Langues de Chat 48

### 理論6 焦糖 Caramel
焦糖布丁Crème Caramel 52

### 理論7 吉利丁 Gelatin
提拉米蘇Tiramisu 56

玫瑰奶酪與覆盆子果凍
Ispahan Panna Cotta 60

### 理論8 卡士達醬 Custard Sauce
烤布蕾Crème Brûlée 66

馬斯卡邦冰淇淋
Mascarpone Ice Ccream 68

+苦味巧克力醬Dark Chocolate Sauce 70
+糖醸草莓Strawberry Conserve 71

玫瑰冰淇淋Rose Ice Cream 72
+甜奶油醬Crème Pâtisserie 74

### 理論9 香酥塔皮之迷Tart
火腿香菇鹹蛋塔
Ham and Mushroom Quiche 78

香草水果塔Fruit Tart 84

甜酥餅Sugar Butter Cookies 86

芝麻酥餅Sesame Butter Cookies 87

### 理論10 泡芙麵糰 Pâte à Choux
泡芙Cream Puffs 90

冰淇淋泡芙Profiteroles 92

鹹酥乳酪球Gourgeres 94

燻鮭魚乳酪球
Smoke Salmon Gourgeres 95

### 理論11 沙拉醬Dressing
柳橙沙拉Orange Dressing 98

凱薩沙拉Caesar Salad 100

生蠔佐柑橘香辣醬
Oyster with Spicy Sauce 102

### 理論12 當麵包變成零嘴 Hors d'Oeuvres
火腿麵包棒開胃菜
Ham Wrapped Breadsticks 106

香脆麵包丁Croutons 108

燻鮭魚脆片Smoke Salmon Canapé 110

### 理論13 麵 Pasta
手工麵Handmade Pasta 114

烤時蔬與香腸千層麵
Sausage and Vegetable Lasagna 117

扇貝香草小手帕麵
Herb Print Fazzoletti with Scallop Cream 120

鮮蝦辣麵
Fettuccine Shrimp Diavolo 122

### 理論14 米Rice
西班牙海鮮飯Paella 126

鮮蝦與煙燻香腸美式燉飯
Shrimp and Andouille Sausage Jambalaya 128

牛肝菌義大利燉飯Porcini Risotto 130

香草米布丁Vanilla Rice Pudding 134

### 這本書的?Who's?who??
Mr.Lee：Verano的先生 1
廚房裡的貓：Turbo 2
廚房裡的貓：Mitzi 63
廚房裡的貓：Mia 75
這些名廚…… 136

# 分類目錄

**餅乾**
手指餅乾Ladyfingers 10
巧克力蛋白霜餅乾Chocolate Meringue Cookies 12
仙女的手指餅乾Fairy's Fingers 16
杏仁脆片Almond Tuiles 44
貓舌頭餅乾Langues de Chat 48
甜酥餅Sugar Butter Cookies 86
芝麻酥餅Sesame Butter Cookies 87

**布丁**
焦糖布丁Crème Caramel 52
烤布蕾Crème Brûlèe 66

**甜點**
蛋白霜水果塔Fruit Meringue Tart 20
草莓十層脆塔Strawberry Tuile Napoleon 46
提拉米蘇Tiramisu 56
玫瑰奶酪與覆盆子果凍Ispahan Panna Cotta 60
香草水果塔Fruit Tart 84
泡芙Cream Puffs 90
香草米布丁Vanilla Rice Pudding 134

**甜味點心**
藍莓瑪芬Blueberry Muffins 34
香草奶油起司藍莓瑪芬Blueberry Cream Cheese Muffins 36
美式煎餅Pancakes 38
核桃香蕉蛋糕Banana Bread with Walnut 40

**蛋糕**
咖啡戚風蛋糕Coffee Chiffon Cake 14
蜂蜜檸檬瑪德蓮Honey Lemon Madeleine 28
蜂蜜抹茶瑪德蓮Honey Macha Madeleine 30

**冰品**
巧克力冰舒夫蕾Valrhona Chocolate Iced Souffle 22
檸檬冰舒夫蕾Lemon Iced Soufflé 24
馬斯卡邦冰淇淋Mascarpone Ice Cream 68
玫瑰冰淇淋 Rose Ice Cream 72
冰淇淋泡芙 Profiteroles 92

**甜點醬**
苦味巧克力醬Dark Chocolate Sauce 70
糖釀草莓Strawberry Conserve 71
甜奶油醬Crème Pâtisserie 74

**鹹味點心/開胃菜**
火腿香菇鹹蛋塔Ham and Mushroom Quiche 78
鹹酥乳酪球Gourgeres 94
燻鮭魚乳酪球Smoke Salmon Gourgeres 95
火腿麵包棒開胃菜Ham Wrapped Breadsticks 106
香脆麵包丁Croutons 108
燻鮭魚脆片Smoke Salmon Canapé 110

**沙拉醬**
柳橙沙拉醬 Orange Dressing 98
凱薩沙拉醬 Caesar Dressing 100
生蠔佐柑橘香辣醬Oyster with Spicy Sauce 102

**麵**
手工麵Handmade Pasta 114
烤時蔬與香腸千層麵Sausage and Vegetable Lasagna 117
扇貝香草小手帕麵Herb Print Fazzoletti with Scallop Cream 120
鮮蝦辣麵Fettuccine Shrimp Diavolo 122

**飯**
西班牙海鮮飯Paella 126
鮮蝦與煙燻香腸美式燉飯Shrimp and Andouille Sausage Jambalaya 128
牛肝菌義大利燉飯Porcini Risotto 130

# TIPS 【成功打發蛋白的零失敗祕訣】

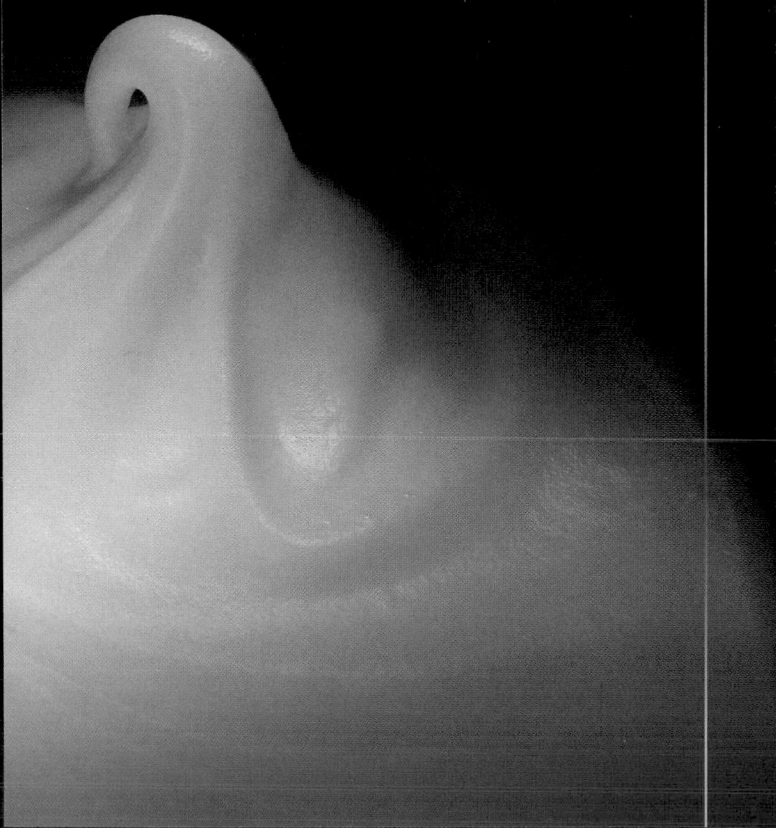

## 1
裝蛋白的容器、打蛋器、還有任何蛋白脫離蛋殼後會接觸到的界面都不能有油脂。

### 換句話說：

分離蛋白和蛋黃的時候，蛋黃不能破，蛋白裡不能有一丁點蛋黃。（反之，蛋黃沾到蛋白則無礙）

所有和蛋白接觸的容器或器具都應該清洗得非常乾淨。（用熱肥皂水清洗，如果不放心的話可以用一點白醋加熱水沖洗）

因為塑膠容器很容易殘留先前盛裝物的油脂，所以玻璃或是金屬的容器比較適合用來盛裝與做打蛋白的容器。

## 2
蛋白的溫度越高越容易發。

### 換句話說：

剛從冰箱拿出來的蛋白不易打發。

蛋白可以在前一天晚上從箱取出，放置在室溫。

如果時間勿促，無法將蛋提早從冰箱取出，可以把白放入微波爐加熱10秒。

## 3
蛋白在乾燥的環境下比較易打發。

### 換句話說：

如果居住的地方氣候潮濕應選擇天氣乾燥與晴朗的候打蛋白。

理論上以上3個要訣都遵守的話，
蛋白一定可以絕無例外地成功打發。

# PROCESS 【打發蛋白的過程】

**1** 打發蛋白是個需要非常多體力的工作，尤其是如果一次要打發超過3個蛋白的時候，所以，一手提攪拌機是有必要的。

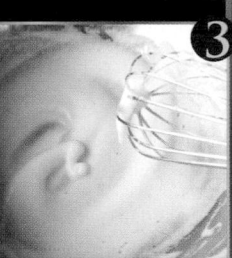

**2** 使用手提攪拌機，由中等速度開始打蛋白。 蛋白剛開始發泡時，泡沫顆粒粗大，一般在這個階段開始加入糖，但是應避免一口氣將糖全部倒入，最好是一邊不停地打著蛋白，一邊慢慢的、一次倒一點的加入，至食譜裡指定的糖份用完為止。

> **VERANO SAYS:**
> 打發蛋白的時候都會加入大量的糖，因為糖有穩定蛋白泡沫的功能，在這個階段加入有助蛋白打發。

**3** 加入糖以後，將電動打蛋器速度調到最高速，繼續打發蛋白。蛋白的泡沫會越來越細緻，從鬆散的泡沫狀變成可以勾勒出不會消失的紋路。

**4** 繼續用最高速打。蛋白會越來越像打發的鮮奶油，呈光滑的乳霜狀，將打蛋器提起時，蛋白會在尾端形成卜垂的勾子，這就是濕性發泡（英文稱這個階段為 Soft Peak 或 Medium Peak）。 從這個階段起，蛋白已成為「蛋白霜」了。

**5** 電動打蛋器的速度從最高速轉慢一點（用第2高速），然後再繼續打下去，蛋白會變得更為光滑細緻，這時將打蛋提起時，蛋白可以在尾端很直挺地站立，不下垂，這就是乾性發泡（英文稱這個階段為Stiff Peak）。

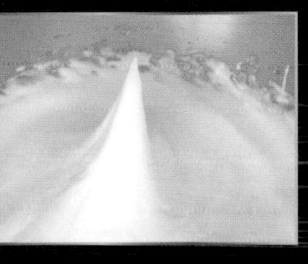

## NOTICE
### 注意

不要過度打發。無論是要將打發蛋白用於任何用途，都不可以將之打超過乾性發泡這個階段。到達這個階段後若繼續打的話，蛋白霜會失去應有的光滑質感，變成一團一團黯淡無光的泡沫，很像洗髮精製造的肥皂泡沫。打過頭的蛋白霜硬是拿來用在甜點裡的話，不但不容易與其他材料結合，也失去其膨脹的效用。

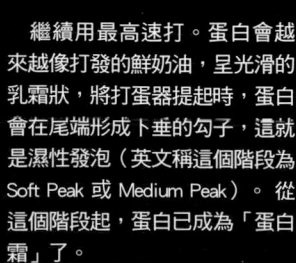

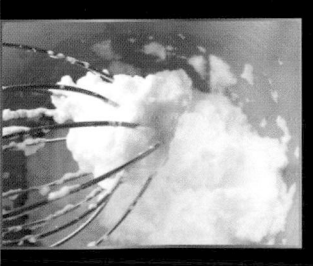

# LADYFINGERS

# 手指餅乾
## 悠 哉 做 甜 點

---

## AMOUN　成品份量　　KI CH NWAR　用具

約做90個手指餅乾（Ladyfingers）或2個
9吋圓餅狀蛋糕層（Cake Layer）+20個
餅乾

篩網（Sieve）
打蛋器（Wire Whisk）
手提攪拌機（Handheld mixer）或
直立式攪拌機（Stand mixer）：在此只用來
打發蛋白，其他動作皆用人力。

橡皮刀（Spatula）
擠花袋（Pastry Bag）+
直徑 1 cm 平面擠花嘴（Plain Pastry Tip）
套到擠花袋上備用
烤盤（Jelly Roll Pan 或 Cookie Sheet）

---

## STEPS【做法】

**❶** 麵粉：（低筋麵粉+玉米粉） 一同過篩網。

**❷** 蛋黃液：（蛋黃+約1/4份的糖+香草精）用打蛋器充分混合。 白砂糖目測取約1/4即可，不用很精準。

**❸** 蛋白霜：（蛋白+剩下的糖）打發至能在打蛋器尾端豎起的乾性發泡。

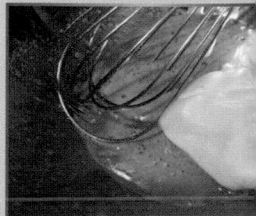

**❻** 預熱烤箱到230℃/450℉，烤架調到中間位置。

**❼** 將混合好的麵糰放入擠花袋擠到烤盤上，可擠成手指狀或圓餅狀。

❶ 手指狀：10cm長的長條，用篩網撒上大量的糖粉，靜置15分鐘，再撒一次糖粉。

❷ 圓餅狀：用鉛筆在烘焙紙的背面劃上一個直徑9吋的圓形，紙翻過來，從圓的中心點開始一圈圈地將麵糊擠成一個實心的圓餅狀。有空隙的地方用奶油刀抹平，不用撒糖粉。

國甜點很常用到手指餅乾的麵糊。 原來這種麵糊在法國甜點裡不只可以擠成長條的手指形狀來裝飾「Charlotte慕斯蛋糕」，還可以擠成其他形狀，像擠成圓餅狀做蛋糕夾層，或是撕碎放在水果甜點下面當做海綿吸水果汁液，以保持甜點裡其他餅乾的酥脆。

這種餅乾的質感很細緻，這樣的質感主要是靠打發蛋白使其蓬鬆的。 以往我很害

怕這種用到打發蛋白的食譜，但是現在學會打蛋白霜的祕訣了，使用蛋白霜的甜點，我都覺得沒什麼好怕的了。等實驗廚房第一批手指餅乾成功地出爐後， 我才發現這餅乾其實一點也不難， 只要打好蛋白霜，然後混合麵糊時溫柔點，就可以吃到綿綿細的手指餅乾囉。

Mr.Lee在餅乾出爐就吃掉30個，而我也因此愛上這種很適合配熱飲的餅乾。

手握一杯黑咖啡、熱巧克力，或是阿薩姆奶茶，嘗著餅乾像蛋糕似的香味， 細細綿綿的質感像極了戚風蛋糕，不同的是有一層薄薄的， 很細緻的、似有似無的糖粉皮，咬下去的一瞬間有那麼一點脆的口感落在舌尖，即融化，剩下的是一片雲……生活就是要充滿這樣美麗的時刻。

顯然懂得忙裡偷閒的不只我一個，Turbo也從他忙碌的、填滿打呼、欺負小貓和發呆抓屁股的schedule中抽空來觀賞我喝下午茶，說是「觀賞」，Turbo你的脖子也未免伸太長了吧？

## INGREDIENTS 【材料】

| | | |
|---|---|---|
| 烘焙紙（Parchment paper）或矽膠軟墊（Silicone mat）：鋪在烤盤上 | 低筋麵粉（Cake Flour）100g.<br>玉米粉（Corn Starch）50g.<br>蛋黃（Egg Yolk）95g.：約5個<br>白砂糖（Granulated Sugar）120g.<br>香草精（Vanilla Extract）2g. | 蛋白（Egg White）160g.：約5個，室溫<br>糖粉（Confectioner's Sugar/Icing Sugar）20g.<br>：請使用含有玉米粉的糖粉喔！ |

糊：用橡皮刀挖一點蛋白霜到蛋黃液中充分混合。再將剩下的蛋白霜全部加入蛋黃液中「約略混合」。

換句話說： 有一絲一絲蛋黃沒混合均勻的樣子無礙。

**5**
將麵粉再度過篩，直接篩入蛋糊中，邊篩邊用打蛋器「快速但是輕柔的混合」
換句話說：混合的動作要大，打蛋器一次劃一個半圓的動作將麵粉和蛋糊混合， 但是動作

要輕，盡量不要擠壓蛋糊），混和到麵粉全部消失為止，但是麵粉一消失馬上停止混合動作。

## NOTICE 注意
這個動作要用手的力量混合，千萬不要使用電動攪拌機。

**8**
餅乾放入烤箱後，烤至餅乾上色， 變成淡淡的米黃色， 約15分鐘（依餅乾大小和厚度烤的時間會有些許不同），不要烤到深黃色，烤太久的餅乾口感硬一些，沒那麼綿細。 餅乾

烤好後，連底下墊子或是紙一起移至架子上放涼。

### VERANO SAYS：
記住， 我們要做的是細皮嫩肉的淑女手指，不是粗糙的村姑手指，所以混合麵粉的時候要溫柔，溫柔～ 然後不要過度混合喔！

CHOCOLATE MER

# 巧克力蛋白霜餅乾

## 胖嘟嘟的可愛小餅乾

自從我很久以前做過一次失敗蛋白霜餅後，極度經不起失敗的我便從此不碰這種東西了。有一天我不知道發什麼神經，突然想把家裡做布丁剩下的蛋白和庫存的一些法芙娜（Valrhona）巧克力粉做成巧克力蛋白霜餅。

巧克力蛋白霜擠到烤盤上後，一顆顆小巧的、粉咖啡色的、胖嘟嘟的，可愛得不得了！

我看得整個心情都跟著軟綿綿的蛋白霜飄了起來，而且因為這些蛋白霜實在太可愛了，讓我忍不住地在等餅乾出爐時一直站在烤箱前偷吃，餅乾還未出爐，整個廚房早已瀰漫著巧克力的香味，廚房好像頓時變成糖果店。

小餅乾一口咬下脆脆的，入了口即化成無法取代的巧克力香，而且這些餅乾和普通蛋白霜餅不同，它沒有膩死人的甜，無糖巧克力中和了糖的甜味，這樣更讓人能品嘗它的香和脆呢！

## AMOUNT【成品份量】

約90個餅乾（視大小而異）

## KITCHENWARE【用具】

**篩網**（Sieve）
**最好有手提攪拌機**（Handheld mixer）或
**直立式攪拌機**(Stand mixer)：清洗後擦乾
沒有則使用**手動打蛋器**（Wire Whisk）
**攪拌盆**（Mixing Bowl）：徹底清洗後擦乾
**橡皮刀**（Spatula）

**擠花袋**（Pastry Bag）+
**0.5cm圓形擠花嘴**（Plain 0.5cm tip）：將擠花嘴套在擠花袋上
**烤盤**（Cookie Sheet 或 Jelly Roll Pan）+
**烘焙紙**（Parchment Paper）：將烘焙紙剪裁到烤盤大小，鋪上**木匙**（Wooden Spoon）或**鍋鏟**（Spatula）1支

## INGREDIENTS【材料

**無糖可可粉**（Unsweetened Cocoa Powder）
30g .：使用能力所及可購買之最高級可可粉，因為餅乾的香味取決可可的品質我個人偏好 Valrhona、Michel Cluizel Scharffen Berger 等品牌
**糖粉**（Confectioner's Sugar/Icing Sugar）85g.
**蛋白**（Egg White）90g.：約3個，可使用其他甜點剩下來的蛋白，或是在前一晚將蛋分離，蛋黃儲存另用，蛋白要室溫，或是放入微波爐加熱10秒
**白砂糖**（Granulated Sugar）85g.

## STEPS 【做法】

**1** 巧克力糖粉：將（無糖可可粉巧克力粉＋糖粉）混合，用篩網篩過。

**2** 蛋白霜：將蛋白用手提攪拌機或直立式攪拌機打至粗大泡沫形成時，開始慢慢地撒入糖，要一邊打一邊加入糖至加完為止。 繼續打至蛋白乾性發泡。 這時如果將盛裝蛋白的圓攪拌盆倒立，蛋白霜不會滑落。

**3** 巧克力蛋白霜：篩網放在蛋白霜上方，將篩過的巧克力糖粉再度過篩，直接篩入蛋白霜中。 為盡量保持蛋白霜的體積，要將橡皮刀沿著攪拌盆的圓弧邊緣將巧克力粉「快速但是輕柔」的混合進蛋白霜中（換句話說：混合的動作要大，橡皮刀一次劃一個半圓動作將巧克力糖粉和蛋白霜混合；但是動作要輕，盡量不要擠壓蛋白霜）。 要混合至所有的巧克力糖粉剛剛好消失在蛋白霜中， 這時蛋白霜會變得比較稀是正常的。

**4** 將巧克力蛋白霜放入擠花袋，在離烤盤0.2cm 高的地方用一樣的力道擠出圓球，等擠出直徑約 1.5cm 大小的巧克力蛋白霜圓球時停止施力，並將擠花袋往上提， 這樣圓球狀巧克力蛋白霜就會有個尖尖的頭了。（用不同的力道提擠花袋，會出現尖尖的小鉤子，用不同形狀的擠花嘴也有不同的

可愛圖案！）

**5** 將烤箱預熱至 105℃/ 220℉， 把烤盤放在中層，烤箱門夾一支木匙，烤至蛋白霜餅乾用木匙去推動的時候會輕易脫離烘焙紙，此時取一個餅乾試吃的話，餅乾中間完全烘乾的程度約45分鐘，但依烤箱大小而異。

> **VERANO SAYS:**
>
> 1. 用手指沾點巧克力蛋白霜，抹在烘焙紙背面的四個角落以固定烘焙紙。以蛋白霜當黏膠把烘焙紙「黏」在烤盤上，這樣擠餅乾的時候，烘焙紙就不會移動了喔！
>
> 2. 如果覺得巧克力蛋白霜不好裝入擠花袋的話，可以將擠花袋打開，翻開來包住杯緣， 就好比有人幫你拿著擠花袋， 這樣裝蛋白霜就容易多了。

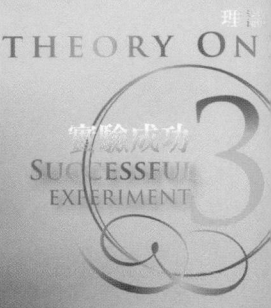

# 咖啡戚風蛋糕
## COFFEE CHIFFON CAKE

### 軟綿綿、輕飄飄的美麗口感

## AMOUNT【成品份量】

2個直徑22cm×4cm厚的蛋糕層或 1個 直徑22cm×4cm厚的蛋糕層＋12個迷你瑪芬大小的蛋糕

## KITCHENWARE 【用具】

篩網（Sieve）
直徑22cm蛋糕模（Cake Pan）：若有慕斯模更好，不論用什麼模型都不用上油，因為蛋糕需要模型粗糙的邊緣爬升，以利膨脹
迷你瑪芬烤盤（Mini Muffin Pan）
烘焙紙（Parchment Paper）：剪成烤盤大小鋪在烤盤裡

攪拌盆（Mixing Bowl）
打蛋器（Wire Whisk）
手提攪拌機（Handheld mixer） 或
直立式攪拌機（Stand mixer）：只用作蛋白霜，其他所有動作皆用手動打蛋器
橡皮刀（Spatula）
鏟狀奶油抹刀（Offset Spetula）

## STEPS【做法】

**1** 混合粉：把（麵粉＋100g糖＋鹽＋泡打粉或發粉）充分混合。

**2** 液體：把（油＋蛋黃＋水＋咖啡＋香草精）充分混合。

**3** 麵糊：把液體倒入混合粉中，用打蛋器混合到麵粉剛剛好消失在液態材料中立刻停止，否則麵糰會出筋。

**4** 烤箱預熱至180℃/360℉。

**7** 麵糊倒入蛋糕模中。做兩個蛋糕層的話，平分麵糊到兩個蛋糕模中，表面不平的地方用奶油抹刀抹平。一半麵糊做蛋糕層，一半做迷你杯子蛋糕的話，蛋糕層的麵糊填到約1.5cm高，剩下的麵糊填瑪芬杯到60%，目標在烤好的時候剛剛好到杯子邊緣。 馬上放入烤箱烤，這種蛋糕比較猴急，一混合好就要進烤箱，不能等。約20分鐘，竹籤插入蛋糕中沾即可。

我研究老半天，發現戚風蛋糕烤完倒扣放涼的原因是它太輕、太鬆軟了，以致於在冷卻前無法支撐自己的重量，如果不把它顛倒過來放涼的話，蛋糕會塌下去。了解這點後，我就想：

1 一般戚風蛋糕的烤盤都很深，烤出來的蛋糕常常超過10cm高，我把蛋糕做薄一點，蛋糕不用支撐太重的重量，不就不會塌下去了。

2 戚風蛋糕膨脹藉助於蛋白霜和泡打粉。傳統食譜都說蛋白霜要打到乾性發泡，是把蛋白的膨脹能力發揮到極致的地步，但我決定不要讓蛋糕膨那麼高，所以蛋白霜我不打那麼發，我想我的蛋糕靠泡打粉就夠它膨脹的了，蛋白霜我打到濕性發泡給予蛋糕柔軟的口感就好。

我把蛋糕糊以70：30的比例分到兩個模形烤，並且計畫用它們來做蛋糕夾層，沒想到烤出爐的蛋糕跟我「理論上」推論的一樣呢！蛋糕沒有過度膨脹，所以表面沒有凸起、凹陷或不平整，而且是不用倒過來放涼也不會塌陷的戚風蛋糕，這樣拿來做蛋糕夾層剛剛好，而且沒有把蛋糕從橫面整齊剖開的煩惱。

趁著戚風蛋糕還熱烈地燃燒著，我隨後做了Mr.Lee最愛，而我最不愛的咖啡口味戚風蛋糕，我把蛋糕糊的一半拿來作成12個迷你杯子蛋糕騙Mr.Lee，另一半拿來烤蛋糕夾層做成提拉米蘇口味的蛋糕，兩全其美。

## NGREDIENTS 【材料】

| | |
|---|---|
| 低筋麵粉（Cake Flour）125g.：過篩 | 比平時喝濃3倍的咖啡（Coffee，3×stronger than usual）50g.：我用4g即溶純咖啡粉（無糖無奶精）+50g.水泡出來的 |
| 白砂糖（Granulated Sugar）100g. | |
| 鹽（Salt）3g. | |
| 泡打粉/或發粉（Baking Powder）6g.：過篩 | 純天然香草精（Natural Vanilla Extract）3g. |
| 植物油（Vegetable Oil）65g. | 蛋白（Egg White）125g.：約4.5個 |
| 蛋黃（Egg Yolk）60g.：約3個 | 白砂糖（Granulated Sugar）62g. |
| 水（Water）45g. | |

**5**

 蛋白霜：將蛋白以電動打蛋器打至粗大泡沫形成時，開始慢慢地撒入62g.糖，一邊打一邊加入糖至加完為止，打至濕性發泡。（做法請見P.8）

**6**

 用橡皮刀隨便挖一點蛋白霜到麵糊中(圖A)，用打蛋器大致混合（換句話說：麵糊仍舊有大理石花紋沒關係，圖B），加入剩下的蛋白霜，輕柔地混合至顏色均勻時停止，不要過度混合。

 **VERANO SAYS:**

烤好的蛋糕層的周圍會自然的脫離蛋糕模，那是正常的，稍涼後，用刀子沿著蛋糕切一圈，蛋糕即可很輕易脫模。

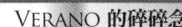 **VERANO 的碎碎念**

混合蛋白霜＋麵糊時動作要輕柔，輕柔～～～

# FAIRY'S FINGERS

# 仙女的手指餅乾

## 雪白餅乾真夢幻！

一直以來法國甜點師父們都會把剩餘的蛋白作成蛋白霜，擠成各式各樣的蛋白霜餅乾，包括小長條的形狀，所以這種餅乾並不是什麼新發明。

可是有一天，我在甜點大師Pierre Hermé 的食譜照片上看到這個形狀的蛋白霜餅乾襯托著兩球粉紅色的玫瑰冰淇淋，那雪白的餅乾顯得如此夢幻，讓我著迷。怪不得Pierre Hermé 稱這種雅緻的餅乾為Fairy's Fingers——仙女的手指！

我忍不住，也把家裡的蛋白霜烤成Pierre Hermé 說的Fairy's Fingers。

## AMOUNT【成品份量】

約90個餅乾（視大小而異）

## INGREDIENTS 【材料】

蛋白（Egg White）90g.：約3顆
白砂糖（Granulated Sugar）85g.：過篩
香草精（Vanilla Extract）2g.
糖粉（Confectioner's Sugar/Icing Sugar）85g.：過篩

## KITCHENWARE 【用具】

篩網（Sieve）
手提攪拌機（Handheld mixer）或
直立式攪拌機（Stand mixer）
沒有則使用手動打蛋器（Wire Whisk）
及攪拌盆（Mixing Bowl）代替：徹底
清洗後擦乾
橡皮刀（Spatula）

擠花袋（Pastry Bag）+
0.5cm圓形擠花嘴 （Plain 0.5cm tip）：
將擠花嘴套在擠花袋上
烤盤（Cookie Sheet 或 Jelly Roll Pan）+
烘焙紙（Parchment Paper）：
將烘焙紙剪裁到烤盤大小，鋪上
木匙（Wooden Spoon）或 鍋鏟（Spatula）

## STEPS【做法】

**1**
蛋白霜：將蛋白以手提攪拌機或直立式攪拌機打至粗大泡沫形成時，開始慢慢地撒入糖，要一邊打一邊加入糖至加完為止，加入香草精。 繼續打至蛋白到乾性發泡。 這時如果將盛裝蛋白的圓盆倒立，蛋白霜不會滑落。

**2**
篩網放在蛋白霜上方，將篩過的糖粉再度過篩，直接篩入蛋白霜中。 為盡量保持蛋白霜的體積，要將橡皮刀沿著攪拌盆的圓弧狀將糖粉「快速但是輕柔」的混合進蛋白霜中

（換句話說：混合的動作要大，橡皮刀一次劃一個半圓的動作將糖粉和蛋白霜混合，但是動作要輕，盡量不要擠壓蛋白霜）。 要混合至所有的糖粉剛剛好消失在蛋白霜中。

**3**
將蛋白霜放入擠花袋，擠花嘴與烘焙紙呈45度斜角，用持續的力道擠出長約7cm的圓狀長條。

**4**
將烤箱預熱至 105℃/220℉，把烤盤放在中層，烤箱門夾一支木匙，烤至蛋白霜餅乾用木匙去推動的時候會輕易脫離烘焙紙，取一個餅乾試吃的話，餅乾中間完全烘乾的程度，約45分鐘即可出爐，但依烤箱大小而異。

## VERANO SAYS：

用手指沾點蛋白霜，抹在烘焙紙的四個角落的背面以固定烘焙紙。 以蛋白霜當黏膠把烘焙紙「黏」在烤盤上，這樣擠餅乾的時候烘焙紙就不會移動了喔！

# 這本書的 Who's who?

## Mr.Lee：Verano的先生

🔊 喜好：愛車、愛貓、愛美食，尤其最愛海鮮和麵食。

🔊 個性：樂天、外向、調皮搗蛋、愛耍寶，跟他寶貝車子有關的事物外皆隨和；除了怕麻煩這點以外，一切與Verano相反。

## 「Mr.Lee」稱號的由來：

Mr.Lee & Verano剛結婚的時候，Verano還保持在銀行搶錢的工作。有一天，Verano在公司處理手上專案，老闆遇到抱了一大疊文件的Verano便隨口問起各個專案的進度。

老闆說：「Mr.X的專案進度如何？Mrs.Y的又如何……」，每個客戶名都點到名，最終問：「Mr.Lee最近如何？」

Verano一時愣住，想不起手上的專案有姓李的，緊張地開始翻手上的那疊文件尋找「Mr.Lee」的方案，萬萬沒想到老闆是在問候她先生！
當場整個辦公室的人笑得人仰馬翻。

自此之後，Verano的先生就叫Mr.Lee了，剛好Verano極度不愛把「老公」或是「先生」這樣的稱呼掛在嘴邊，覺得彆扭。

Mr.Lee & Verano 合照於西雅圖
著名的 Pike Place Market

Turbo 邊聽音樂邊上網
看後母有沒有在部落格講他壞話

理論
THEORY **2**

# 義大利蛋白霜
## ITALIAN MERINGUE

上一篇已經介紹過蛋白霜了。

但嚴格說來那只是蛋白霜的一種，總共有3種蛋白霜：

**1** 一般蛋白霜，Common Meringue（又稱法式蛋白霜，French Meringue）：即蛋白直接與糖打發。在P.8〈蛋白霜篇Meringue〉已介紹過。

**2** 瑞士蛋白霜，Swiss Meringue：打發蛋白時，裝蛋白的容器盛在熱水上隔水加溫，蛋白藉助熱水的溫度打發。

**3** 義大利蛋白霜，Italian Meringue：蛋白在室溫打發。其他兩種蛋白霜加入的是砂糖，而義大利蛋白霜加的卻是熱糖漿。泡沫的穩定度也不同（指形狀能維持多久），義大利蛋白霜的泡沫最為穩定，瑞士蛋白霜次之，一般蛋白霜最差。

## TIPS【成功打發義大利蛋白霜的零失敗祕訣】

當蛋白霜要到達濕性發泡程度時，攪拌器要放慢速度但不能停，慢慢的把熱糖漿滴入蛋白霜中，然後把蛋白霜打至乾性發泡。因為糖要煮比較久，所以通常先煮糖，等糖快到理想溫度時再開始打發蛋白霜，這樣兩者才能在理想的情況下結合。

由此可知我為什麼在開始認真做甜點後，等了整整兩年才鼓起勇氣做義大利蛋白霜。動手後我發現其實它理論不難，難在要一心多用，所以成功的做出義大利蛋白霜沒有祕訣，只有：

**1** 準備周全，把所有用具和材料拿齊，開始做以後要專心，準時間。

**2** 練習，練習，練習！

由於蛋白霜的穩定度不同，用
途也不盡相同：

一般蛋白霜最不穩定，大多
用在蛋糕裡。瑞士蛋白霜與一
般蛋白霜可以替換使用，但
在比較少甜點師傅使用，義大
利蛋白霜穩定度高，它的乾
發泡最為細緻，打蛋器提起
它的尖端最尖最細，所以最
合用在慕斯類甜點，以及需
細緻似路的蛋白霜時。

義大利蛋白霜非常好用，可
失敗率較高，偏偏這是在大
級的甜點食譜書裡最常見的
白霜，因此非學不可。這種
白霜為什麼失敗率偏高？因
同時需要進行這兩件事：

**糖漿要煮到117～120℃
/242～248℉之間。（做
法請見P.51〈理論6：焦糖
Caramel〉）**
**蛋白霜要打至濕性發泡的程
度。（做法請見P.9〈理論
1：蛋白霜Meringue〉）**

# PROCESS
## 【義大利蛋白霜的做法】

### AMOUNT【成品份量】

足夠做6個體積150ml的冰舒芙蕾
或12個蛋白霜水果塔的塔模

### KITCHENWARE 【用具】

**厚質湯鍋**（Heavy Bottom Sauce Pan）
**煮糖專用溫度計**（Sugar Thermometer）
**手提攪拌機**（Handheld mixer）或
**直立式攪拌機**（Stand mixer）

### INGREDIENTS 【材料】

**白砂糖**（Granulated Sugar）280g.
**水**（Water）70g.
**蛋白**（Egg White）140g.：約5個蛋白，放
在室溫15分鐘

**1** 糖漿：湯鍋中裝（糖＋
水）混合，中火加熱，煮
至117℃/242℉。

**2** 糖漿在約110℃時（以煮糖
專用溫度計測量），轉小火，
開始用手提攪拌機或直立式攪
拌機將蛋白打成蛋白霜，打至
濕性發泡。

**3** 當蛋白霜到達濕性發泡的程
度時，將攪拌器放慢速度但不
能停，慢慢的把熱糖漿滴入蛋
白霜中，然後把蛋白霜打至乾
性發泡。這就是義大利蛋白霜
了。

FRUIT MERI

# 蛋白霜水果塔
## 酥脆的棉花糖口感

義大利蛋白霜非常的穩定，可以擠成各式各樣挺立的形狀，例如擠成一個個鳥巢狀，拿到烤箱烤硬後，可以做為水果塔的「塔模」。用蛋白霜做成的塔模是雪白色的，很美麗，與普通塔皮的香酥奶油味不同，蛋白霜吃起來是酥脆的，入口瞬間融化成棉花糖的口感，配上濃密的甜奶油醬 Crème Pâtisserie 和酸甜的水果，是令人驚豔的甜點。

## AMOUNT【成品份量】

12個蛋白霜水果塔

## KITCHENWARE 【用具】

烤盤（Jelly Roll Pan 或 Cookie Sheet）
烘焙紙（Parchment Paper）
橡皮刀（Spatula）
擠花袋（Pastry Bag）＋1cm開口星型或菊花
型擠花嘴（Star 或 Daisy Pastry Tip）：套到
擠花袋上備用

## INGREDIENTS 【材料】

義大利蛋白霜（Italian Meringue）1份（做法請見P.19）
甜奶油醬（Crème Pâtisserie）1份（做法請見P.74）
綜合水果（any kind of fresh fruit）500g：使用任何喜歡的水果洗淨，
切成喜歡的形狀
糖粉少許：有加玉米粉的糖粉（Powdered Sugar/Confectioners' Sugar/
Icing Sugar）或純糖粉（Caster Sugar/Superfine Sugar）皆可（可省略）

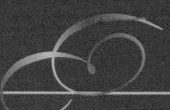
## STEPS 【做法】

**1** 烤箱預熱到 100℃/215℉。

**2** 烘焙紙上用鉛筆和圓形物體
或是圓規，畫出直徑9cm的圓
形，畫好翻面，讓有畫線的那
面朝下，蛋白霜才不會沾到鉛
筆，但背面依舊可以看到圓形
圖樣。

**3** 把做好的義大利蛋白霜裝到
擠花袋中，從圓圈的正中間用
畫圖的方式開始擠蛋白霜，填
滿整個圓之後，開始沿著圓圈
的邊邊往上擠第二層，擠2～3
層，做成一個鳥巢狀。

**4** 所有的蛋白霜都擠宗後，放
入烤箱烤1.5～2個小時，至蛋白
霜呈固體，輕輕推動它時會脫
離烤盤紙。

**5** 蛋白霜「鳥巢」冷卻後，若
隔離空氣放在陰涼的地方可以
保鮮1星期。要吃時，填入甜
奶油醬，擺上綜合水果，即是
水果塔了。如果喜歡的話，可
以撒上糖粉。

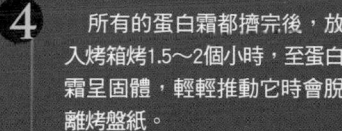
VERANO SAYS :

在甜奶油醬填入塔模後
5～10分鐘吃口感最佳，
最晚應在水果塔完成後的
30分鐘內吃掉，否則蛋白
霜會潮掉。

# 巧克力冰舒芙蕾

VALRHONA CHOCOLATE ICED SOUFF

永不塌陷的Soufflé

## AMOUNT 【成品份量】　KITCHENWARE 【用具】

6個冰舒芙蕾

烘焙紙（Parchment Paper）或鋁箔紙（Aluminum Foil）：要讓慕斯可以假裝成舒芙蕾的樣子，要用比模型高的烘焙紙或是鋁箔紙圈住模形，等慕斯形狀固定後再把紙撕掉，這樣慕斯就會高出模型，可以假裝成是舒芙蕾膨脹的樣子。

手提攪拌機（Handheld mixer）或
直立式攪拌機（Stand mixer）
橡皮刀（Spatula）
擠花袋（Pastry Bag）
鏟狀奶油抹刀（Offset Spetula）
厚質湯鍋（Heavy Bottom Sauce Pan）

## STEPS 【做法】

**1**

測量舒芙蕾模的高度，高度＋2cm，因為烘焙紙要用兩層厚才夠堅固，所以再×2。我的舒芙蕾模是4cm高，所以我需要剪12cm寬的紙。把剪好的紙對折變兩層厚，圈住舒芙蕾模，用膠帶固定好。

**2**

融化巧克力：黑巧克力用微波爐加熱15秒，取出攪拌，放回微波爐再加熱15秒後取出攪拌。

因為每個微波爐設定不同，請用15秒間隔持續加熱至過半的巧克力融化，再改成用5秒間

隔重複以上動作至80%的巧克力融化，這時只要一直攪拌所有的巧克力都會融，不需要再加熱。

**6**

巧克力義大利蛋白霜：（隨便挖一點義大利蛋白霜＋融化巧克力＋巧克力粉），充分混合，再把這個混合物與剩下的義大利蛋白霜一起混合均勻。

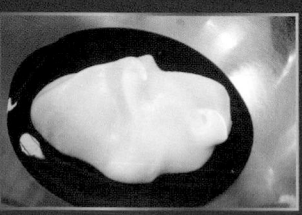

**7**

打發鮮奶油：將鮮奶油從冰箱取出，使用打蛋白霜的用具（洗乾淨後擦乾）以高速打成乳霜狀。

冰舒芙蕾不會塌陷，但不會塌陷怎麼能叫做舒芙蕾呢？說得也是，告訴你一個甜點界的公開祕密，就是冰舒芙蕾不是舒芙蕾，它是冰慕斯（Mousse）。當初也不知是哪個俏皮的甜點師傅，會想到要把慕斯做成舒芙蕾的樣子？不論真假，用義大利蛋白霜打發鮮奶油，加上各式調味製成的冰舒芙蕾，擁有慕斯輕巧如雲的特點，它的綿細和冰涼，是讓我鼓起足夠勇氣實驗義大利蛋白霜的最大動力。

我的第一個義大利蛋白霜實驗有夠慘，不是糖漿煮過頭，就是記錯糖漿的溫度，反正弄了一整個下午，把家裡所有的雞蛋都打開，讓18顆蛋黃無家可歸，足足浪費了18顆蛋的蛋白才成功。好在最後還是吃到冰舒芙蕾了。我做了檸檬和法芙那巧克力兩種口味的冰舒芙蕾，因為Mr.Lee不愛吃巧克力。哼，真是個不識貨的傢伙，不愛巧克力也好，我自己吃！

法芙那巧克力好香濃，不但濃密又沁涼，這樣純香的巧克力用慕斯的口感吃得到，好幸福喔～～但Mr.Lee的檸檬口味也非常好吃，柑橘清香，滋味冰涼酸甜，看他吃得喜形於色，我也跟著開心起來。

## INGREDIENTS 【材料】

舒芙蕾模（Soufflé Dish or Roumle Cup or Ramekin）60ml容量的6個：或是任何直筒狀杯子

法芙那70%黑巧克力（Valrhona 70% Dark Chocolate）110g.：可以用其他高品質的巧克力代替。我喜歡 Michel Cluizel、Scharffen Berger、Domori
白砂糖（Granulated Sugar）225g.
水（Water）55g.

蛋白（Egg White）110g：約4個
巧克力粉（Cocoa Powder）5g.：請用高品質巧克力粉，我用Scharffen Berger，過篩
鮮奶油（Whipping Cream）330ml：留在冰箱直到要時才取出，鮮奶油要越冰越容易打發

**3**
湯鍋中裝（糖＋水）混合，中火加熱，煮至117℃242℉。（做法請見P.51）

**4**
糖漿煮至約110℃時，轉小火，開始用電動打蛋器或直立式攪拌器將蛋白打蛋白霜，打至濕性發泡。（做法請見P.9）

**5**
義大利蛋白霜：當蛋白霜到達濕性發泡的程度時，攪拌器放慢速度但不能停，慢慢的把熱糖漿滴入蛋白霜中，然後把蛋白霜打至乾性發泡。

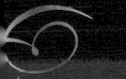

慕斯：將（打發鮮奶油＋巧克力義大利蛋白霜）充分混合，裝到擠花袋中。
把慕斯擠到各個舒芙蕾模填滿。用劍狀奶油抹刀抹平表面後放入冰箱冷凍至慕斯完全冷卻變冰涼，約4小時。吃的時候把紙拆掉。

理論2
THEORY TWO

實驗成功
SUCCESSFUL
EXPERIMENT

**2** 延伸烘焙
LEMON ICED SOUFFLÉ

# 檸檬冰舒芙蕾

## AMOUNT【成品份量】
6個冰舒芙蕾

## KITCHENWARE【用具】
同p22頁 巧克力冰舒芙蕾

## INGREDIENTS【材料】
白砂糖（Granulated Sugar）225g.
水（Water）55g.
蛋白（Egg White）110g.
鮮奶油（Whipping Cream）330ml
檸檬汁（Lemon Juice）80ml
檸檬皮屑（Lemon Zest）1顆

## STEPS【做法】

**1**
同冰舒芙蕾做法，將義大利蛋白霜打至乾性發泡。鮮奶油打發呈乳霜狀。

**2**
檸檬義大利蛋白霜：（義大利蛋白霜＋檸檬汁＋檸檬皮屑），充分混合。

**3**
慕斯：將（打發鮮奶油＋檸檬義大利蛋白霜）充分混合，裝到擠花袋中，擠到各個舒芙蕾模填滿。抹刀抹平表面後放入冰箱冷凍至慕斯完全冷卻變冰涼即成，約4小時。

# 廚房裡的貓 TURBO篇

Turbo：Mr.Lee的愛貓。是Mr.Lee單身時就養著的貓，因此Verano說Turbo是Mr.Lee的拖油瓶，常常稱他為拖油瓶貓。

**特徵**

白肚子、粉紅鼻子、腳穿白襪的花貓，坐挺的時候看起來像是穿著西裝的樣子。這隻花貓不是一個「肥」字了得，體重超過10公斤，是隻體型碩大的巨貓。

**個性**

貪吃、霸道、懶惰、膽小、過度聰明（經常試圖開門，會開關抽屜，還會沖馬桶），所以最調皮、最叛逆、愛搞怪。遇到陌生人非常害羞，卻隨時隨地需要受人矚目，最愛搶鏡頭，所以最多他的照片。

老爺我在睡覺，請不要鬼鬼祟祟偷拍我好嗎？

很困ㄟ，走開啦～？

什麼？燻鮭魚脆片好了，等我～我這就起床。

噓… Turbo正在專心幫Verano校對錯字。

字實在太多，還是吸管比較好玩。

Mr.Lee：Turbo，Verano來了，你快打起精神認真看稿……

每天的吃飯時間，Turbo都是這副德行……

隨著時間增長，臉越來越臭……

被Mitzi貓了一拳的Turbo……

等很久了ㄟ，我要吃飯啦～

我要吃飯～
我要吃飯～
我要吃飯～

請不要問為什麼我絕對沒有偷摸小姐的屁股

理論
THEORY
3

# 瑪德蓮
## MADELEINES

　　瑪德蓮算是最能代表法國的餅乾之一。這個吃起來質地是蛋糕的小點心，卻被法國傳統點心歸類為餅乾類，最大的特徵是擁有特別的形狀，是即使出了法國國界，連無法準確念出Madeleine一字的外國人都能夠依形狀辨認的餅乾。在文學界，許多文人雅士視瑪德蓮為啟發法國文豪普魯斯特（Marcel Proust）撰寫他七卷長半自傳小說：《追憶似水年華　*LA RECHERCHE DU TEMPS PERDU*（In Search of Lost Time）》的獨特點心。

　　普魯斯特的小說描述，有次他從外頭回來，喝了母親給的一杯茶，他用湯匙舀起浸泡過瑪德蓮的隔夜茶喝時，在第一口浮有餅乾屑屑的溫暖茶水入喉的瞬間，一陣顫慄穿過全身，那一刻茶水和餅乾屑的組合為他帶來無上喜悅，他試圖捕捉感動的來源，霎時童年記憶湧現，讓他得以追溯以為早已失落的回憶。普魯斯特這段關於瑪德蓮的寫作為人津津樂道，使得瑪德蓮跨越飲食藝術，在文學裡成為傳奇。

　　瑪德蓮是個長相奇特的餅乾，一面為貝殼的花樣，另一面為豐滿凸出的丘狀，剛出爐時，貝殼花樣的那面是被烤盤灼脆的一面，咬開，中心是稍厚實卻鬆軟的蛋糕，溫熱、性感，這大概就是普羅斯特所謂的「在外表如宗教般嚴謹的摺痕下充滿肉慾……」的餅乾。

理論上，何謂正宗的
瑪德蓮？

大部份的人都知道瑪德蓮
必須是貝殼狀的，因為要
不是貝殼狀，它和其他小
蛋糕沒兩樣。

在法國以外，鮮少人知的
是瑪德蓮的背（或是肚
子，看你怎麼看），呈現
非常奇怪的凸起狀，不是
微微的圓弧狀而已喔，而
是大大的隆起，幾乎可以
說要有不自然的丘狀才是
成功的瑪德蓮。

一個完美的瑪德蓮，其必
要條件是背上/肚子的攏
起。雖然出了法國，大部
份的店都烤不出這樣的瑪
德蓮，但是對這點的認知
很重要。

# TIPS【成功烤出完美瑪德蓮的零失敗祕訣】

**1** 使用傳統貝殼狀烤盤，而且
最好使用金屬材質的，不要用
現在流行的矽膠烤盤，因為金
屬烤盤才會讓餅乾貝殼那面有
酥脆感。

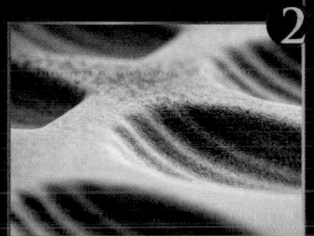

**2** 烤盤必須上一層很薄的奶
油，之後篩上非常薄的一層麵
粉。這個程序除了幫助餅乾脫
模，也有助貝殼面形成酥脆的
口感，所以即使你用「不沾」
烤盤也應該這麼做。

Mitzi很懷疑的說：
「現在吃不行嗎？
我只要舔舔奶油味就好。」

**3** 麵糊一定要放置隔夜。我曾
經烤過沒有放隔夜的麵糊，烤
出來的餅乾硬是沒那麼宗羊。

**4** 讓背隆起的祕訣：一定要用
兩種溫度烤。甜點大師Pierre
Hermé的做法是把烤箱預熱到很
高的溫度，待麵糊進烤箱後，
馬上把溫度降低，烤至完成。
另一個名廚Alain Ducasse教的方
法是先用高溫烤至麵糊周圍已
開始變固體，但中心還是稍微
凹陷的液態時關掉烤箱，待烤
箱的餘溫把中心烤得隆起，才
再度打開烤箱，用比原先低的
溫度把餅乾徹底烤熟。

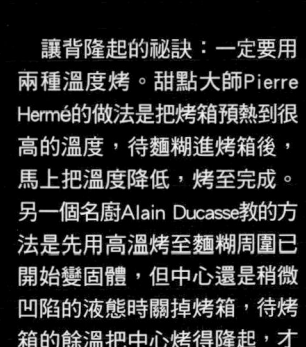

**5** 烤瑪德蓮容易犯的錯誤是
烤過頭。烤好的瑪德蓮呈金黃
色，若用木匙輕壓是有彈性
的，就可立即從烤箱取出。

# 蜂蜜檸檬瑪德蓮
## HONEY LEMON MADELEINE
### 誘人檸檬清香

## AMOUNT 【成品份量】

12個大型瑪德蓮餅乾

## KITCHENWARE 【用具】

篩網（Sieve）

打蛋器（Wire Whisk）

瑪德蓮貝殼形烤盤（Madeleine pan）：用紙巾沾奶油，將烤盤塗上一層薄奶油，撒上薄薄的一層麵粉，烤盤倒過來，拿到水槽用力敲一下，讓多餘的麵粉掉落。

即使不沾烤盤（Non-Stick Pan）也要麼做

烤盤（Jelly Roll Pan 或 Cookie Sheet）

把貝殼形烤盤盛在烤盤上，方便移動

橡皮刀（Spatula）

攪拌盆（Mixing Bowl）

## HOW TO COOK 【做法】

**❶** 檸檬糖：攪拌盆中裝（檸檬皮屑＋糖），用手指把檸檬皮與糖捏壓至聞得到一陣陣檸檬香。

**❷** 檸檬蛋汁：（檸檬糖＋蛋＋檸檬汁），用打蛋器打到蛋汁綿細，加入蜂蜜充分混合。

**❸** 奶油蛋糊：（檸檬蛋汁＋奶油）充分混合，因為奶油和蛋汁不會結合，打到奶油非常細小，均勻散佈在蛋汁裡就可以了。

**❼** 在冰箱休息一天的麵糊很像冰淇淋的質感，用湯匙挖麵糊，均勻的分配到貝殼形烤盤裡。麵糊不要放太滿，差不多在模型的60%滿。

**❽** 麵糊放進烤箱烤到麵糊周圍已開始變固體，但中心還是稍微凹陷的液態時關掉烤箱，約3分鐘（時間僅供參考，應該守在烤箱旁邊觀察）。觀察餅乾，待餅乾的中心明顯凸起時，約3分鐘（時間僅供參考），再度打開烤箱，溫度調到190℃/375℉，把餅乾徹底烤熟，顏色呈金黃色，若用木匙輕壓是有彈性的。

寧檬是瑪德蓮的傳統口味，我在烤經典檸檬口味時，心想要是有蜂蜜香不知多好？研究了一番，實驗出來的瑪德蓮食譜，有蜂蜜香了。蜂蜜檸檬麵糊，才剛混合好，就已不斷地散發出誘人的檸檬清香，害我使盡所有的

抑制力，才克制住想把它放進烤箱的衝動，讓它在冰箱裡休息整整24小時。

隔日出爐的蜂蜜檸檬瑪德蓮真的很迷人，其金黃色的外表，幾乎散發著如光芒般的美麗……

咬一口頓時明白這種餅乾讓

人上癮的原因了。溫熱的餅乾，沿著貝殼形狀一圈是脆脆的口感，一口咬進厚實卻鬆軟的蛋糕質地，鼻子與舌頭同時嘗到檸檬香，細細品嘗還有蜂蜜的甜蜜，配上一杯好茶，真是一大享受。

Turbo：「妳就是傳說中的瑪德蓮小姐是吧？」愉親一下

# INGREDIENTS 【材料】

檸檬皮屑（Lemon Zest）1/2 顆：用檸檬皮的用具輕輕刮下黃色的部，不要用到白色的部份，白色部有苦味

砂糖（Granulated Sugar）60g.

蛋（Whole Egg）95g.：約2顆

檸檬汁（Lemon Juice）2g.

蜂蜜（Honey）30g.

無鹽奶油（Unsalted Butter）100g.：融化後，冷卻到微溫的液態

中筋麵粉（All-Purpose Flour）100g.：過篩

泡打粉（Baking Powder）2g.

麵糊：（麵粉＋泡打粉）再度篩，直接篩入奶油蛋糊中，打蛋器混合到粉剛好消失在糊裡就可以了，不要過度混。要是看到一些地方好像沒

混合均勻的「樣子」，也不要再混合了，以看不到麵粉為準，只要看不到白白的麵粉就是混合好了。

 把保鮮膜鋪在麵糊的表面，盡量貼住表面不要有空氣，放入冰箱冷藏到隔日。

 隔天，把烤箱預熱到210℃/410℉。

出爐後等2～3分鐘，從烤中取出餅乾，放到涼架上放，或是讓餅乾在烤盤裡豎立涼。

# 蜂蜜抹茶瑪德蓮

### 沈穩的味道

**我**忘記為什麼家裡有一罐抹茶，大概是我哪天心血來潮想要裝日本人優雅喝抹茶的樣子而買的吧？反正一罐在那裡很久都沒開過，那天在烤蜂蜜檸檬瑪德蓮時，突然想到有這麼一罐抹茶的存在，一時興起，把茶拿出來做蜂蜜抹茶瑪德蓮。我心想如果用蜂蜜去平衡抹茶的甘澀味應該很棒。隨後研究了半天，烤了一次失敗的自創口味，第二次才烤出心目中的蜂蜜抹茶瑪德蓮。

蜂蜜抹茶瑪德蓮，帶點淡淡蜂蜜甜，褪去了大多的甘澀味，比起蜂蜜檸檬的清新，是沈穩的茶香。

Turbo：好料
又來了……

## AMOUNT 【成品份量】

可以製作12個大型瑪德蓮餅乾

## KITCHENWARE 【用具】

**同p.28頁蜂蜜檸檬瑪德蓮**

## INGREDIENTS 【材料

白砂糖（Granulated Sugar）60g.
全蛋（Whole Egg）95g.
蜂蜜（Honey）30g.
無鹽奶油（Unsalted Butter）100g.
中筋麵粉（All-Purpose Flour）100g.
泡打粉（Baking Powder）2g.
抹茶（Japanese Macha Tea）4g：本身就
粉狀的茶，過篩

## STEPS【做法】

**1** 抹茶糖：攪拌盆中裝（抹茶＋糖），用打蛋器混合均勻。

**2** 抹茶蛋汁：（抹茶糖＋蛋），用打蛋器打到蛋汁綿細，加入蜂蜜充分混合。

**3** 奶油蛋糊：（抹茶蛋汁＋奶油）充分混合，因為奶油和蛋汁不會結合，打到奶油非常細小，均勻散佈在蛋汁裡就可以了。

**4** 麵糊：（麵粉＋泡打粉）再度過篩，直接篩入抹茶奶油蛋糊中，用打蛋器混合到粉剛好消失在麵糊裡就可以了。

**5** 把保鮮膜鋪在麵糊的表面，盡量貼住表面不要有空氣，放入冰箱冷藏到隔日。

**6** 隔天，把烤箱預熱到210℃/410℉。

**7** 在冰箱休息一天的麵糊很像冰淇淋的質感，用湯匙挖麵糊，均勻的分配到貝殼形烤盤裡。麵糊不要放太滿，差不多在模型的60%滿。

**8** 麵糊放進烤箱烤到麵糊周圍已開始變固體，但中心還是稍微凹陷的液態時關掉烤箱，約3分鐘（時間僅供參考，應該守在烤箱旁邊觀察）。觀察餅乾，待餅乾的中心明顯凸起時，約3分鐘後，再度打開烤箱，溫度調到?190℃/375℉，把餅乾徹底烤熟，顏色呈金黃色，若用木匙輕壓是有彈性的。

**9** 出爐後等2～3分鐘，從烤盤中取出餅乾，放到涼架上放涼，或是讓餅乾在烤盤裡豎立放涼。

# 理論 THEORY 4 當麵粉遇到液體

## WHEN FLOUR MEETS LIQUID

## TIPS【打出完美糕點麵糊的零失敗祕訣】

理論上，糕點要達到鬆軟的口感，必定謹守一點，就是：不要過度混合！

因為理論上當麵粉遇到液體，變成麵糊時，若施以過多壓力（壓力＝混合、揉、拉扯）會出筋，出筋就會有嚼勁，也是做麵包要達成的目標，但是如果你要吃的是嫩嫩的鬆軟口感，那麼絕對不可以給麵糊壓力，道理就這麼簡單。

所以啦，請你在做接下來這幾個毫無關連、超級簡單，但都是不能過度混合的食譜時，請收起你內心深處的處女座，不要為了一滴滴麵粉跟麵糊過意不去，非要打到麵糊很平滑的樣子，非要把攪拌盆旁邊黏到的一丁點麵粉給攪進去……，等做到那個地步的時候，麵糊已經過度混合了。

不要過度混合，換句話說就是抱著「隨便」一點的心態，把麵粉和液體混合到似乎是勉強結合的樣子就對了。這時麵糊並不滑順，而且多少會有打不散的小粒疙瘩，但是不要懷疑，這樣「隨便」混合的感覺正是鬆軟口感的祕訣。

基於鬆軟口感抱持的「隨便精神」，我建議接下來的幾個食譜都使用人力混合麵糊，傳統的鋼圈打蛋器是最好的選擇。

32.33

實驗成功
SUCCESSFUL
EXPERIMENT
1

# 藍莓瑪芬

## BLUEBERRY MUFFINS

### 好做到像騙人！！

**我**喜歡吃瑪芬，瑪芬鬆鬆軟軟的，上面還頂著一個微酥脆的皮，能夠吃到剛出爐的瑪芬是最令我快樂的事之一！

更快樂的是，瑪芬非常容易做，簡單到好像騙人的一樣。

比任何蛋糕還要鬆、還要嫩的瑪芬，輕輕一碰便散開隨處掉落，讓我不得不用叉子吃，免得挨Mr.Lee唸。

## AMOUNT【成品份量】

約18個迷你瑪芬或12個大型瑪芬

## KITCHENWARE【用具】

攪拌盆（Mixing Bowl）
打蛋器（Wire Whisk）
12個迷你瑪芬的烤盤（Mini Muffin Pan）1個
瑪芬紙模（Muffin Cups）

## INGREDIENTS【材料

中筋麵粉（All-Purpose Flour）330g.
白砂糖（Granulated Sugar）156g .
泡打粉（Baking Powder）20g.
鹽（Salt）2搓
全蛋（Whole Egg）100g.：約2顆
全脂牛奶（Whole Milk）230g.
無鹽奶油（Unsalted Butter）132g.：加熱
好融化，稍放涼到不會燙手但仍是液體的奶
純天然香草精（Natural Vanilla Extract）3
藍莓（Blueberry）70g.：新鮮的或冷凍的藍

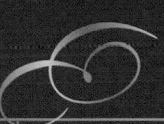

# STEPS【做法】

**1** 預熱烤箱至 200℃/400℉。

**2** 乾燥材料：（麵粉＋糖＋泡打粉＋鹽）過篩後用打蛋器混合均勻。

**3** 液態材料：另外取一只攪拌盆混合（蛋＋牛奶＋奶油＋香草精），混合至蛋打散就好，不要過度的打發蛋，奶油本來就不會完全和牛奶與蛋混合（油不溶於水的道理）。

**4** 麵糊：用打蛋器將（乾燥材料＋液態材料）混合。材料一混合好馬上停止（換句話說：麵粉剛剛好消失在液態材料中立刻停止混合）。
重點：不要過分攪拌！

**5** 在麵糊中加入藍莓，約略混合，使藍莓均勻地散佈在麵糊中即可。

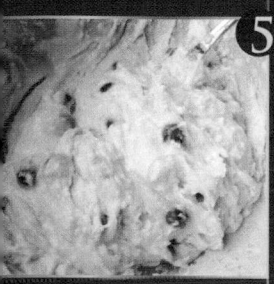

**6** 將麵糊放入瑪芬紙模中，填到紙杯80%滿。（如果要做有香草奶油起司的瑪芬，麵糊只需填到60%滿，這樣烤出來的瑪芬和紙模齊高，比較容易擠上奶油起司，成品也比較美觀）

**7** 將烤盤放入烤箱烤約20～25分鐘，至瑪芬膨起來並且上了層漂亮的金黃色。

> **VERANO 的碎碎念**
>
> 這種麵糊是不可以過度攪拌的喔，過度攪拌麵粉會出筋，壞了原本應有的鬆軟口感。

豪華加料

# 香草奶油起司藍莓瑪芬

**我**從好久好久以前就愛上的藍
莓瑪芬是在西雅圖當地的咖
啡店裡吃到的,它與其他藍莓瑪芬
不同之處在於它鑲了一球奶油起
司。有好長的一段時間我是多麼的
迷戀這個藍莓瑪芬呀!可是那時候
是窮學生的我,無法常常買一個單
價超過$2美金的瑪芬,只好猜想那
個奶油起司到底是怎麼做的呢?我
除了愛吃外,也強烈地好奇著。

終於,在多年後的某一天我破
解藍莓瑪芬上的奶油起司密碼,並
成功的把它實驗出來!真是可喜可
賀!為了紀念這樣偉大的實驗,我
決定要常常烤這種瑪芬。

我多年來嚮往的瑪芬……帶著淡
淡優格酸的奶油起司,其酸甜和香
草味,以及濃密的口感,配上鬆軟
嬌嫩的瑪芬,是讓人心情愉悅的滋
味。

## AMOUNT 【成品份量】

24個瑪芬的份量

## KITCHENWARE 【用具】

**手提攪拌機**(Handheld mixer)或
**直立式攪拌機**(Stand mixer):
如果沒有上述兩種家電,則可以
使用**橡皮刀**(Spatula)或是**木頭攪拌
匙**(Wooden Spoon)配合**手動打蛋器**
(Wire Whisk)
**擠花袋**(Pastry Bag)+**菊花擠花嘴**
(Daisy Pastry Tip)

## INGREDIENTS 【材料

**奶油起司**(Cream Cheese)225g.:放置在
室溫30分鐘,至手指壓下可以壓出指印的
軟度
**純天然香草精**(Natural Vanilla Extract)2g
**糖 粉** 55g.:摻有玉米粉的糖粉
(Powdered Sugar/Confectioners' Sugar/
Icing Sugar)或是**純糖粉**(Caster Sugar/
Superfine/ Sugar)皆可

## Steps【做法】

**1** 　用手動攪拌機慢速地或橡皮刀與打蛋器並用,將(軟化的奶油起司＋純大然香草精＋糖粉)充分混合。混合好後要繼續攪拌至奶油起司成蓬鬆狀,可以用打蛋器勾勒出線條為止。

**2** 　放入擠花袋裡。在烤好的藍莓瑪芬上擠上約1大湯匙份量的香草奶油起司。

**3** 　把烤箱裡的架子調到最高的位置,烤箱調到最高溫、使用上火。將擠好香草奶油起司的瑪芬放入烤箱裡,香草奶油起司的表面應離上火約5cm的距離。快速烤5分鐘,至香草奶油起司稍微上色即成。

PANCAKES

實驗成功
SUCCESSFUL
EXPERIMENT
2

# 美式煎餅
### 整 天 都 有 好 心 情 ！

---

## AMOUNT【成品份量】

6個直徑20cm的煎餅

## KITCHENWARE 【用具】

打蛋器（Wire Whisk）
篩網（Sieve）
攪拌盆（Mixing Bowl）
湯瓢或尖嘴容易倒液體的容器
（Ladle or a Container with a Spout for pouring）

不沾煎鍋（Non-Stick Pan）
鍋鏟（Spatula）

---

## STEPS【做法】

**❶** 蛋汁：用打蛋器將蛋打散，混入（牛奶＋鮮奶油），徹底混合後再多打幾分鐘至起泡（看到粗大的泡泡即可）。

**❷** 液態材料：在蛋汁中加入（油＋香草精），用打蛋器□合均勻。

**❹** 中火熱鍋，隨便挖一湯匙奶油到鍋中，等奶油融化後，用紙巾將奶油抹遍鍋面然後擦掉。火候稍微轉小，依個人喜好調整麵糊量，可做大做小。等麵糊上破了一個個大小的洞時，用鍋鏟掀一個角看顏色，呈漂亮的金褐色則可翻面，另一面也煎至金褐色。

我覺得最幸福的早晨是從又香又軟又鬆的煎餅，加上一杯咖啡開始。

熱煎餅抹上奶油，看著乳黃色的奶油在金褐色的煎餅上慢慢融化……，懊惱的下床氣都隨著奶油溶去。（換句話說：不想一大早看到我臭著一張臉的人，請用煎餅叫我起床）再淋上麥芽色的楓糖漿……，晶瑩麥芽色的楓糖，把窗外的晨光帶到早餐桌上了。

嗯～奶油淡淡的鹹味配著楓糖的甜蜜，好特別的風味，好個視覺和味覺的享受，讓人感覺再接下來的一整天都會有好心情呢！

## INGREDIENTS 【材料】

美式煎餅預拌粉（Pancake Mix）828g.
筋麵粉（All-Purpose Flour）680g. 白砂糖（Granulated Sugar）95g.
打粉或發粉（Baking Powder）45g. 鹽（Salt）8g.
上所有材料一同過篩，用打蛋器混合均勻，裝入一個密封罐中再下左右搖一搖，確實混合均勻所有的材；可以放置3個月，每次275g.使用。

全蛋（Whole Egg）100g.：約2顆
全脂牛奶（Whole Milk）350ml
鮮奶油（Whipping Cream）100ml
蔬菜油（Vegetable Oil）或無鹽奶油（Unsalted Butter）55g.：用微波爐熱到融化，稍微放涼後即可使用

純天然香草精
（Natural Vanilla Extract）1g.
奶油（(Butter）少許：抹鍋子用的

## ❸

麵糊：將篩網放置在液態材料上方，篩入美式煎餅預拌粉。

用打蛋器混合至煎餅預拌粉剛好消失在液態材料中後立刻停止，這時麵糊裡會有一小團一小團的麵粉像疙瘩一樣散不開，那是正常的，不要在意也不要再混合了。裝入容易倒麵糊的容器，或者使用湯瓢。

### VERANO 的碎碎念

千萬不能過度混合麵糊，不然就吃不到鬆軟的煎餅囉！

# 核桃香蕉蛋糕
## BANANA BREAD WITH WALNUT
### 老爸喜歡的味道

## AMOUNT【成品份量】

12個迷你瑪芬大小的香蕉蛋糕
或1個 9x5吋長形香蕉蛋糕

## KITCHENWARE 【用具】

**篩網**（Sieve）
**攪拌盆**（Mixing Bowl）
**打蛋器**（Wire Whisk）
**可以做12個迷你瑪芬的烤盤**（Mini Muffin Pan）1個
**瑪芬紙模**（Muffin Cups）：放入瑪芬烤盤備用

如果有歐美大型烤箱的人，可以用 ×5 吋長型蛋糕模：因為我這個食譜用了很多香蕉，口感特別濕潤，在網路上很多使用小烤箱的人反應麵糊全部用來烤一個蛋糕的時候中間會烤不熟。

## STEPS【做法】

**1**

烤箱預熱到175℃/350℉。

**2**

香蕉泥：用打蛋器將攪拌盆裡的（香蕉+糖）打成蓬鬆的泥，如有小塊香蕉無法打成泥沒關係。

**3**

香蕉糊：將（奶油+蛋+鹽+香草精）加入香蕉泥中混合均勻。

**5**

將麵糊倒入瑪芬模中，然後在表面撒上剩下的核桃，把裝有麵糊的瑪芬模在桌上輕敲一下（僅限於一下），把麵糊裡的空氣敲出一點，放入烤箱烤至用竹籤試探時不沾竹籤，約

35～40分鐘，要是竹籤還沾有麵糊，就再烤5分鐘，再試探。

用長型蛋糕模的話，要烤約1小時又10分鐘。

我 多年來一直很迷香蕉蛋糕，尤其喜歡在咖啡店喝Latte的時候配一塊有核桃的香蕉蛋糕。可是自從我在家裡成功的烤出好吃的核桃香蕉蛋糕後，那魔咒就突然消失了……也許是在小小廚房裡被那香味濃郁的現烤核桃和香蕉合熏昏頭了吧？總之，好久沒吃了。

可是給香蕉熏昏的好像只有我，老爸吃過我的香蕉蛋糕一直念念不忘，所以老媽每次都會「不小心」的買到過熟的香蕉，然後「不經意」地跟我說：「香蕉太熟了不好吃，丟掉可惜喔，妳要不要拿回家烤蛋糕？」問了幾次，讓我再不烤香蕉蛋糕都不好意思了，於是我的廚房為了老爸又再次地瀰漫濃厚的核桃和香蕉香了。

用了比較多香蕉的蛋糕，口感比較濕潤綿密，用現烤核桃的香酥去中和蛋糕的濃密感，配上一杯熱咖啡，便是個簡單卻非常令人滿足的早餐或是下午茶。

# NGREDIENTS 【材料】

熟透的香蕉（Overripe Bananas）440g：約4根，這是去皮後的重量。香蕉用叉子碾碎成小塊。

白砂糖（Granulated Sugar）200g.

無鹽奶油（Unsalted Butter）170g：用微波爐融化，約30秒，然後放涼到室溫

全蛋（Whole Egg）100g：約2顆

鹽（Salt）2g.

純香草精（Pure Vanilla Extract）2g.

中筋麵粉（All-Purpose Flour）280g：過篩

泡打粉（Baking Powder）7g.

生核桃（Raw Walnut）100～115g.：不用

預熱烤箱，直接用 145℃/300℉，烤至核桃飄香，約15分鐘，馬上取出放涼，用杯子等重物把核桃敲碎

**4**

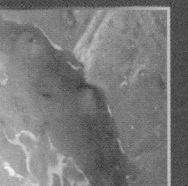

麵糊：（麵粉＋泡打粉）加入香蕉糊中，用打蛋器混合到麵粉消失在麵糊裡停止，不要過度混合。目測取1/4核桃，加在麵糊裡。

VERANO SAYS:

1. 要是眼看蛋糕的表面要焦了，但是蛋糕裡面還沒熟，就放一塊鋁箔紙蓋在蛋糕表面，繼續烤。

2. 蛋糕中心裂開是正常的，這種蛋糕就是長這個樣子。

VERANO 的碎碎念

這種蛋糕跟瑪芬一樣，是不可以過度攪拌麵糊的喔！過度攪拌麵粉會出筋，壞了原本應該濕潤又鬆軟的口感。

# 法國瓦片餅乾
## TUILES

**我**住美國十幾年，在這段要長不長、要短不短的日子中染上很多美國人的愛好和憎惡，唯獨美國人對軟式餅乾的情有獨鍾感染不到我。美國人愛吃的軟式餅乾，質地柔軟又有點黏牙（他們所謂的Soft & Chewy），說難聽點是烤半熟的餅乾，可是我偏偏認定餅乾如果不酥就是要脆～脆～脆！

酥脆的餅乾，越酥或是越脆我越愛，最好是一口咬下，餅乾的大小碎片散得到處都是，Mr.Lee在一旁為散落的碎片抓狂，我則愛不釋「口」。法國人的Tuile類餅乾又薄又脆，正符合我對餅乾的要求。Tuile，一字在法文是「瓦片」的意思。傳統上這種精緻的薄片餅乾一出爐，質地還很軟時，隨即放在圓筒狀的物體上輕壓成彎彎的形狀，像瓦片一樣，因而得名。這種餅乾最常用來裝飾法式甜點，直接配茶或是咖啡吃也非常美味。

我這樣熱愛這種餅乾，多愛呢？ 特別寫一個單元來和讀者分享。

## 理論上……

瓦片餅乾是種又快又好做的餅乾，只要不過分攪拌麵糊，還有烤的時候別烤焦了，可以說是毫無技巧可言的點心。

實驗成功 1
SUCCESSFUL EXPERIMENT

ALMOND

# 杏仁脆片

## 美味＋美麗＋簡單

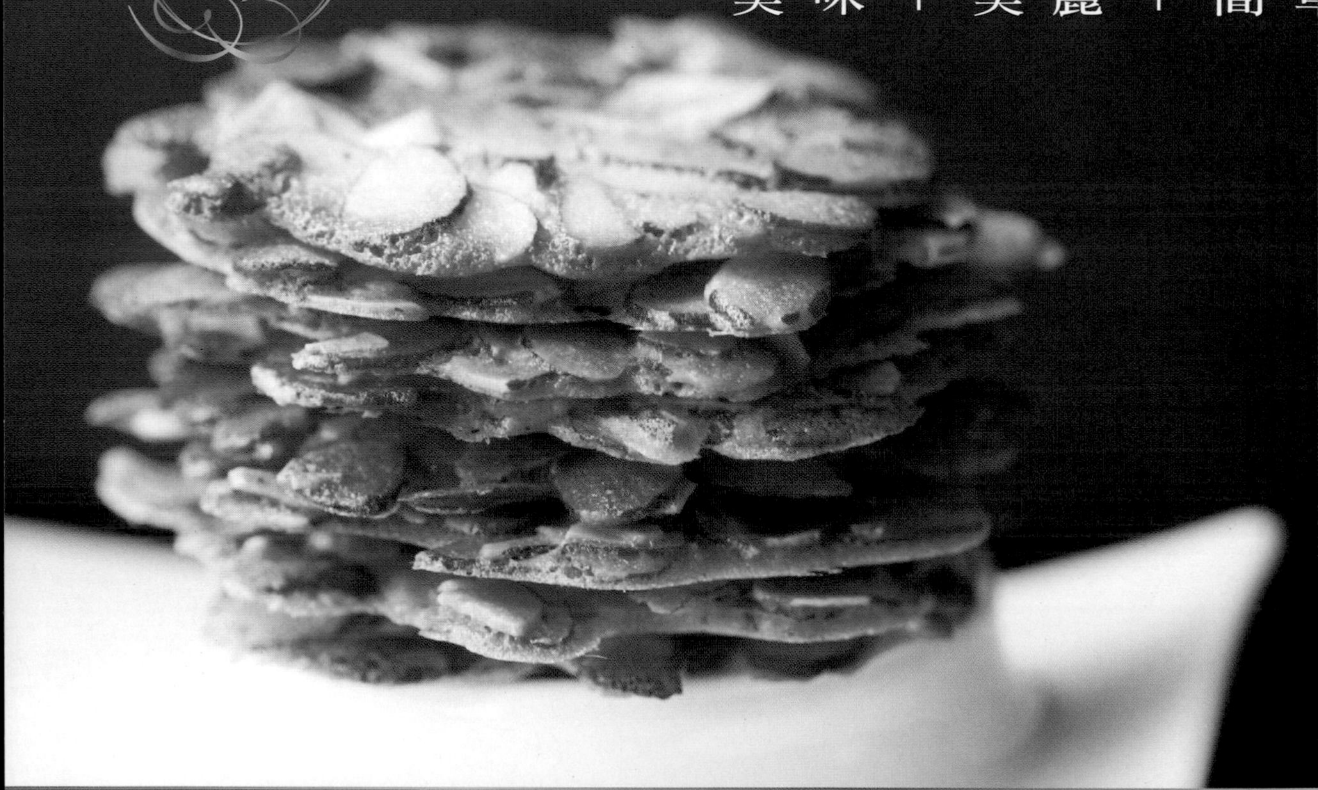

剛剛才說過我特愛瓦片餅乾的脆，如果用香脆的堅果做酥脆的餅乾，像是杏仁脆片，那樣的魅力對我來說更是無法抵擋，因為杏仁脆片0既酥脆、又香、又美麗，我為了上述幾個條件已願意克服千辛萬苦去烘焙，但幸運的是這餅乾的做法剛好很簡單。

嗯？有這麼好的事？ 美味＋美麗＋簡單？！ 喔～這世上竟然有這樣令人感動的東西，我對一塊餅乾的要求也只不過如此。

喔！超級香脆的餅乾，我已經見過不知有多少揚言討厭杏仁的人屈服於這種脆片的魅力了！

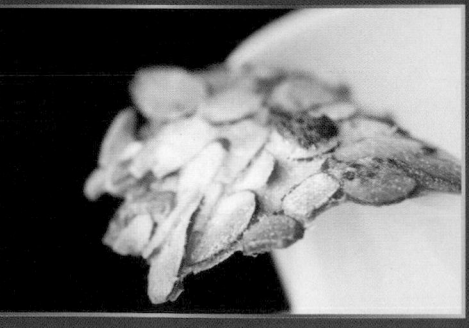

泛著金黃、金褐色的脆片，如此的薄、如此的細緻、如此的美麗，每口都是滿滿的堅果香和酥脆……這個世界上真的有神！

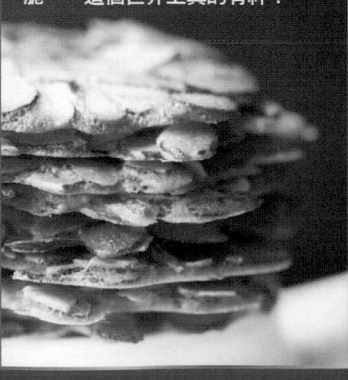

# TUILES

## AMOUNT 【成品份量】

可製作40個直徑8cm的餅乾

## KITCHENWARE 【用具】

烤盤（Jelly Roll Pan or Cookie Sheet）：越多個越好，因為烤盤數量少的話製作過程比較費時，必須在烤每盤餅乾之間，讓烤盤冷卻才能繼續烘烤下一批餅乾。

烘焙紙（Parchment Paper）或是矽膠墊（Silicone Mat）：鋪在烤盤上

攪拌盆（Mixing Bowl）

叉子(Fork)、湯匙（Spoon）、涼架（Cooling Rack）

## INGREDIENTS 【材料】

糖粉130g.：有摻玉米粉的糖粉（Powdered Sugar/Confectioners' Sugar/Icing Sugar）或是純糖粉（Caster Sugar/Superfine Sugar）皆可

高筋麵粉（Bread Flour）45g.

杏仁片（Raw Sliced Almond）300g.：生的，未烘烤過的

蛋白（約3個，Egg White）85g.

全蛋（Whole Egg）48g.：約1顆

鹽（Salt）1撮

香草精（Vanilla Extract）2g.

無鹽奶油（Unsalted Butter）45g.：完全融化，稍微放涼

## STEPS 【做法】

**1** 杏仁片混合物：攪拌盆中放入（糖粉＋麵粉），用叉子充分混合後加入杏仁片，再充分拌勻。

**2** 杏仁片麵糊：另取一個攪拌盆，放入（蛋白＋全蛋＋鹽＋香草精）混合，蛋全部打散後即可倒入杏仁片混合物中，混合至蛋汁完全消失在麵粉裡後，加入微溫的融化奶油充分混合。混合好的麵糊會很稀。

**3** 預熱烤箱至 190℃ / 375°F。

**4** 用湯匙挖一小團杏仁片麵糊至烤盤上，然後叉子與湯匙並用地將杏仁片攤平，杏仁片的角落重疊沒關係，但是麵糊要攤平到只有一層杏仁片的厚度。麵糰和麵糰之間間隔5cm。

**5** 入烤箱烘烤至杏仁呈漂亮的金黃色，約8～12分鐘。烤好取出烤箱，放置在涼架上放涼。

＊瓦片狀：如欲將餅乾做成瓦片狀，要在餅乾一出爐時，將燙手的餅乾小心地移到擀麵棍或是酒瓶等圓錐狀物體上壓成彎曲狀。

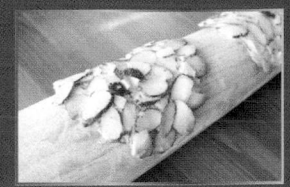

### VERANO 的碎碎念

這種餅乾很容易焦，烤的時候別走遠喔！從烘烤的第8分鐘起，就要一直盯著烤箱看，避免烤焦。

### VERANO SAYS：

因為餅乾滾燙時很軟，我的食譜使用的杏仁片又多，如果沒有用手將餅乾壓在圓錐狀物體上等到它冷卻至微溫，則無法保持其漂亮的彎形，但是這樣慢慢地等餅乾冷卻，既費時又燙手，所以我會把餅乾壓出圓弧狀後移至杯中，利用杯子的弧度保持餅乾的圓弧狀至微溫，等形狀固定後，轉放到涼架上徹底冷卻。

實驗成功
SUCCESSFUL
EXPERIMENT
2

# 草莓千層脆塔
## STRAWBERRY TUILE NAPOLEON
抽象派甜點

**好**啦好啦，我承認這道甜點沒有「千層」，我自己剛剛數過，只有兩層。

會做這個甜點是因為我今天在煮甜奶油醬時，心裡想著我很愛吃的千層塔，但由於我心中的貪吃鬼還沒打敗懶惰蟲，所以暫時不會去做千層酥皮，沒有千層酥皮哪來的千層塔呢？

hhmmmmm……（腦袋開始努力運轉要如何用偷懶的方式吃到美味的甜點?）

這時我的眼角突然瞄到昨天烤的杏仁脆片，頓時有顆500瓦的巨大燈泡在腦袋裡如霓虹燈般地一閃一閃亮起來，啊！乾脆來做個「抽象派」的草莓千層脆塔好了！

我的「抽象派」草莓千層脆塔雖然只有兩層，但是當香酥的杏仁脆片配上濃密的甜奶油醬和酸甜草莓入口時，舌尖傳來一陣陣感動並不輸給有一千層的呀～

甜醬的濃濃杏草香和草莓的酸甜爽口，一整個華麗的口

感，配上酥脆的杏仁脆片，簡直是錦上添花。

## KITCHENWARE 【用具】

擠花袋（Pastry Bag）+0.5cm開口星形擠花嘴（Pastry Tip）：套到擠花袋上備用
篩網（Strainer/Sieve）

## INGREDIENTS 【材料】

杏仁脆片（Almond Tuile）20片（做法請見P.44）
甜奶油醬（Crème Pâtisserie）1份（做法請見P.74）
新鮮草莓（Fresh Strawberry）：洗乾淨，去除蒂
糖粉（Powdered Sugar/Confectioners' Sugar/Icing Sugar）少許：有摻玉米粉的糖粉

## STEPS 【做法】

新鮮草莓洗乾淨，去除蒂，用紙巾吸乾水分，有的草莓切小塊，有的切成2半，形狀漂亮的保留完整。

**2** 取一片杏仁脆片，在中間擠上一小圈甜奶油醬，放上幾塊草莓碎塊。

**3** 在中間的甜奶油醬周圍擺上一圈1/2草莓塊、或是整顆草莓，視草莓大小而定，重點是圍繞甜奶油醬的草莓要齊高。擺完草莓，將中心的甜奶油醬擠到與草莓齊高，最後在草莓與草莓之間擠上甜奶油醬。

**4** 在草莓&甜奶油醬上蓋一片杏仁脆片。上層脆片的中間擠一小圈甜奶油醬，放上一顆漂亮的草莓，撒上糖粉。

實驗成功
SUCCESSFUL
EXPERIMENT

**3**

LANGUES DE

# 貓舌頭餅乾

## 脆 到 不 行

---

## AMOUNT 【成品份量】　KITCHENWARE 【用具】

50個餅乾

篩網（Sieve）
攪拌盆（Mixing Bowl）
打蛋器（Wire Whisk）
橡皮刀（Spatula）
烤盤（Jelly Roll Pan 或 Cookie Sheet）

擠花袋（Pastry Bag）+0.5cm開口的圓形
擠花嘴（Plain Pastry Tip）：套到擠花袋
上備用
烘焙紙（Parchment Paper）或矽膠墊
（Silicone Mat）：鋪在烤盤上
涼架（Cooling Rack）

---

## STEPS 【做法】

 **1**

奶油糖霜：混合盆裡裝（奶
油＋糖＋糖粉＋鹽），用打蛋
器打至糖均勻地與奶油混合，
奶油呈蓬鬆狀。

**2**

蛋糊：（蛋白＋奶油糖霜＋
香草精）充分混合。因為奶油
不可能與蛋白融合，所以混合
至奶油變成細小塊狀，並且均
勻分佈在蛋白裡即可。

前天早上貓咪們給了我一個驚喜，在他們的房間元「仙女散花」，把一整卷衛生紙撕碎，散得整個廁所都是雪花似的衛生紙！！氣死我了。無奈事情已經發生，罵臭貓咪們也沒用，只好乖乖把衛生紙撿起來，但是因為正在氣頭上，想都沒想便把衛生紙，全部往馬桶一丟，隨手沖掉就算了。

這後來證明是非常錯誤的決定，因為馬桶隨即塞住。

可想而知我今天是多麼想把我家貓咪們痛扁一頓，但是貓咪們一隻隻都有最天真無邪的眼睛，一閃一閃的催眠你：「我很可愛對不對？我很可愛對不對？我… 我… 什麼也沒做呀！ 還不趕快來摸我。你不可以生我的氣。過來，幫我

按摩！」養過貓的人就知道了。

哎～～ 誰叫我是貓奴呢！

講了老半天，意思就是說，既然不能宰了貓咪，消消我的怒氣，只好做些貓舌頭來洩

憤。今晚，我一邊上網打網誌和讀者哭訴臭貓咪們的惡行，一邊啃貓舌頭餅乾…

我一直最愛吃的，又脆又酥的貓舌頭餅乾，第一次吃自己做的，吃了氣全消了。

我很可愛對不對？
我什麼也沒做呀？ 還不趕快來摸我。你不可以生我的氣。過來，幫我按摩！

無鹽奶油（Unsalted Butter）110g.：放在室溫至手指可以在奶油上壓出指痕的軟度
糖粉55g：有摻玉米粉的糖粉（Powdered Sugar/Confectioners' Sugar/Icing Sugar）或純糖粉（Caster Sugar/Superfine Sugar）皆可，過篩

鹽（Salt）2g.
白砂糖（Granulated Sugar）55g.
蛋白（Egg White）85g.：約3個
純天然香草精（Natural Vanilla Extract）2g.
中筋麵粉（All-Purpose Flour）125g.：過篩

**3**

麵糊：麵粉再度過篩，直接倒入蛋糊中，用打蛋器或是橡皮刀混合至麵粉剛剛好消失即可，不要過度攪拌。注意：即使有機器的人，也應用手攪拌麵糊。

**4**

預熱烤箱至 200℃/400℉。

**5**

將麵糊裝到擠花袋裡， 在烤盤上擠成6～7cm長的條狀，放到烤箱中層烤成金黃色。放到涼架上放涼。

> VERANO 的碎碎念
> 記得不要過度攪拌喔！

# 焦糖
# CARAMEL

**我**最愛麥芽糖，打從我生平第一次嘗到麥芽糖的滋味，便深深地愛戀著它那多層次的甜味。至於那個第一次，誰也不記得是什麼時候的事了，不過我老媽說我才剛滿周歲就知道要討麥芽糖吃。那時候台灣還有收集破銅爛鐵的人會拿麥芽糖與人換廢鐵，每次騎三輪車的阿伯ㄎㄧㄥ ㄎㄧㄥ ㄎㄧㄤ ㄎㄧㄤ 地敲著罐子經過家門口，年幼的我已經會拉著大人的衣角往大門走，然後用最甜美的聲音跟大人撒嬌要糖。很可惜，打從四歲起我在台灣的時間不多，一直離我心愛的台灣麥芽糖非常遙遠，苦無機會吃到，只好把對麥芽糖的愛戀寄託在同樣有多層次甜味的焦糖了。

糖是個非常奇特的物質，加熱至不同的溫度，呈現出來的顏色、質感、風味截然不同，許多甜點師傅靠他們能夠抓準糖的特性創造許多與吹玻璃媲美的藝術品。當然，拉糖（Pull Sugar）是專業級人士研究的東西，我們在這裡研究怎麼煮焦糖就好。

這兩種顏色的差別只有幾十秒，
深色的才是做焦糖布丁的完美焦糖。

# TIPS 【成功煮出焦糖的零失敗祕訣】

基於糖的這3個特質，要成功地煮出焦糖，必須注意的地方：

糖水加熱的不同階段大至如下：

100℃ / 212°F：糖漿（Syrup）
107℃ / 225°F：牽絲（Thread）
117～119℃ / 242～246°F：軟球（Soft Ball）
120～124℃/ 248～255°F：固體球（Firm Ball）
125～128℃ / 257～262°F：硬球（Hard Ball）
155～165℃ / 310～330°F：淡色焦糖（Light Caramel）
170～180℃ / 340～356°F：深色焦糖（Dark Caramel）
超過 180℃ / 356°F：垃圾

**① 因為糖的融點非常高，糖在煮成焦糖之前，其他物質會先燒焦，所以要確定加熱的是100%的糖水，沒有其他雜質。換句話說：應使用高品質的純白砂糖，還有盛裝糖的容器必須乾淨，沒有沾到麵粉或雜質，這樣煮出來的焦糖才不會有奇怪的燒焦斑點。**

**② 避免結晶，這點是煮糖時最大的學問所在。**

**1 糖漿若受熱不均，很容易結晶，所以：**
應使用導熱良好的鍋子煮糖，最優良的煮糖材質為銅製鍋，但價格高昂，可以使用厚重的不鏽鋼鍋子煮。

## 理論上……

煮焦糖不就是把糖直接加熱到170℃嘛，誰不會？話是這麼說沒錯，但有許多小細節需要注意才會成功，因為：
糖的融點非常的高，比麵粉或是其他廚房裡的粉類都還高。
糖漿有結晶的傾向。
– 糖漿溫度上升得很快，溫度越高上升得越快。

**2 要把糖與水充分溶解，避免某些糖顆粒在糖漿裡結晶，所以：**
糖水在加熱時，於沸騰前要一直攪拌，讓糖充分溶入水中，但沸騰後即不可以再攪拌。

**3 攪拌會使「糖漿」結晶，所以：**
糖水煮至沸騰變成糖漿後，絕對不可以攪拌。再說一遍，絕對不可以攪拌「糖漿」！

**4 糖結晶是連鎖反應。煮糖漿時，糖漿難免會噴到鍋子內側，這些黏在鍋子內側的糖漿很容易結晶，所以：**
在煮糖漿時，要把噴到鍋子內側的糖漿，以沾水的刷子刷洗，避免它們變成結晶體，連帶把整鍋糖漿變成結晶體。變成結晶體的糖漿是永遠不會變成焦糖的，一定得重新加水煮過。

**③ 糖漿從一開始的（冷水＋糖）開始煮至牽絲（Thread）階段，可能讓人覺得很久，但它從硬球（Hard-Ball）到淡色焦糖（Light Caramel）是非常短的時間（2～3分鐘）。**

---

## NOTICE
### 注意

要有耐心呀！不要因為等得煩了就走開，不然焦糖煮不成，反煮成一鍋黑漆漆的苦炭。

應準備冰水澡（Ice Water Bath），當焦糖一煮成，立即熄火，並把鍋子泡入冰水中，停止焦糖的溫度上升。煮成焦糖或黑炭僅在一瞬間。

有經驗的製糖師傅不用溫度計測量糖溫，他們將糖漿滴入冰水中觀察，所謂的（Soft Ball）指的是糖漿在水中呈一個軟球狀，用手指去捏很像矽膠；（Hard Ball）則指是很堅硬的圓球狀，因而得名。

# 焦糖布丁
## CRÈME CARAMEL
### 絲 綢 般 的 華 麗 口 感

## AMOUNT【成品份量】　　KITCHENWARE【用具】

| AMOUNT【成品份量】 | KITCHENWARE【用具】 | |
|---|---|---|
| 約7個布丁 | 耐熱厚質湯鍋（HeavyBottom Sauce Pan）<br>：不要用不沾鍋（Non-stick Pan）<br>刷子（Brush）<br>攪拌盆（Mixing Bowl）<br>打蛋器（Wire Whisk） | 濾網（Mesh）<br>布丁模（Creme Brulee Mold 或 Custard M<br>7個<br>至少5cm深的烤盤（Roasting Pan 或 Ho<br>an） |

## STEPS【做法】

**1**
焦糖：在湯鍋中混合焦糖材料（糖＋水）加熱。煮糖漿時，在一個大盆子中裝冰塊與冰水。把糖漿煮至很深的紅棕色，若用溫度計量，溫度為170℃／340℉，馬上離火，將鍋子放入冰水中浸泡。

**2**
將焦糖分配到各個布丁模中，布丁模底部應完全覆蓋到焦糖。

**VERANO SAYS:**
糖水在沸騰之前可以攪拌幫助糖溶解，但是糖一旦沸騰，則不可以攪拌，並且不斷用刷子沾水去刷洗鍋子邊緣接近水面的地方，避免噴到鍋子邊緣的糖結晶。

**3**
烤箱預熱到 165℃／325℉。另外煮一些等會要做「熱水澡」的熱水。把布丁模放到烤盤裡。（注意：布丁模不要擠在一起，布丁模間要有間距，布丁才會受熱均勻。）

**4**
蛋液：用打蛋器將（全蛋＋蛋黃＋糖）充分混合。

柔軟滑順，像絲絨滑過舌尖的口感，味道

濃濃的奶蛋、香草、和焦糖香，看似樸實，入口卻很華麗

焦糖布丁可以說是我這輩子第一個實驗成功的甜點。

當我還是甜點白癡又不願意實驗的時候，它是讓我甘願冒著失敗的可能性動手實驗的特例，誰知第一次就成功。

說到那時候呀，我還是「純」理論廚師的年代，還記得當時不管多麼努力也做不出完美蒸蛋，有次還做出綠色的蒸蛋（到現在我還是不知道那個神祕現象是怎麼發生的），而我自知如果做不出蒸蛋就做不出焦糖布丁，因為後者可以說是蒸蛋的一種，但是為了吃到讓我朝思暮想的焦糖布丁，我百般地去研究……

沒辦法，我實在太愛吃焦糖布丁了！結果意外地成功，抓到焦糖布丁的必訣後我才做出完美的蒸蛋。果然，貪吃還是我烘焙和料理的推動力。

講回我深愛的焦糖布丁，據說它最早源起於法國，法文叫Crème Caramel 或Crème Renversée，這點頗受爭議，焦糖布丁也很有可能起源於西班牙，因為它最廣為人知的名字是西班牙文的「Flan」，但不論它是哪國人發明，西班牙人特別熱愛這道甜點，這點從西班牙人

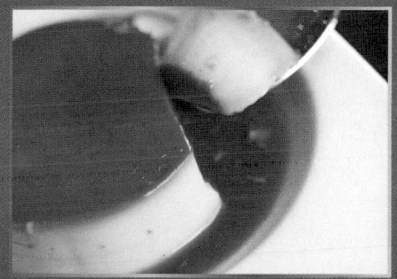

殖民時沒忘記帶他們的「Flan」食譜飄洋過海可以窺探出來。Flan因為西班牙人的引入，變成許多中南美西班牙語系國家的甜點代表之一，包括阿根廷。

在阿根廷渡過童年的我，對於這種從小吃到大的甜點，有深厚的感情。後來我回到台灣，看到這種焦糖布丁的演化版本在便利商店販售，也是很喜歡，可是我與焦糖布丁的緣份在我九０年代移居美國後終止。

我到了美國後愕然發現美國人愛吃的布丁是英國式黏呼呼的米布丁，當時除了居住大城市的美國人外，美國人不知是不願意、不喜歡，或者是沒機會接觸，反正外來食物不是很普及，所以焦糖布丁是很難買得到的甜點。正是這樣

無奈的情況下，才迫使我在多年後自己動手做焦糖布丁，當時還不知道翻遍了多少食譜呢！

在做焦糖布丁前，我必須說明一下何謂完美的焦糖布丁？ 做得好的焦糖布丁，是滑嫩、細緻又濃密的，用英文velvety來形容最為恰當，意指如絲綢般的華麗口感，並且有香草、蛋和鮮奶的香濃及焦糖有層次的甜味交織其中。

反之，什麼是有缺陷的焦糖布丁呢？ 最常見的缺陷是布丁有氣泡，雖然氣泡不影響味道，但是有氣泡代表蒸烤時火候不當，布丁受熱不勻或是受熱太快，口感稍劣，不會是滑順的細緻口感，是不夠完美的焦糖布丁。

再來是焦糖的焦度，這點比較難掌控，要靠經驗或溫度計。一個完美的焦糖布丁，它的焦糖要夠「焦」，意思是說要是栗子色的，味道夠多層次，但是又不能焦到真的燒焦，帶有苦味的地步。反之，如果焦糖煮得不夠「焦」，蛋與奶的香濃沒有一個與之抗衡的味道，布丁則會顯得過甜過膩。

# INGREDIENTS 【材料】

**焦糖材料**
白砂糖（Granulated Sugar）200g.
水（Water）100g.

**布丁材料**
全蛋（Whole Egg）190g.：約4個
蛋黃（Egg Yolk）75g.：約4個
白砂糖（Granulated Sugar）130g.
全脂牛奶（Whole Milk）500g.

鮮奶油（Whipping Cream）165g.
鹽（Salt）1小搓
純天然香草精（Natural Vanilla Extract）7g.，或香草豆莢（Vanilla Bean）1根

## 5

鮮奶蛋汁：湯鍋盛裝（牛奶＋鮮奶油＋鹽），煮至剛剛沸騰（需有濃密泡沫），用「調溫」的方式（做法請見P.65）把奶液加到蛋液中。使用香草精的話，在此時加入。若使用香草豆莢，則應在煮熱奶液之前，用刀子把豆莢從中切開，以刀尖刮出香草籽，將籽與豆莢一同放入鍋中與奶液一起加熱，奶汁煮好時再取出豆莢。

## 6

蒸烤約50分鐘。有兩種方法測試
1. 刀子插入布丁裡，質感像插入豆腐的感覺，並且布丁不沾刀鋒就是好了。
2. 用湯匙輕敲布丁模側面，觀察布丁搖晃的樣子，快要好的布丁會像果凍一樣隱約的晃動。烤好的布丁從熱水中取出，放至涼架上降溫。稍涼後，在布丁模上蓋保鮮膜，放入冰箱冷藏至少6個小時至隔夜。

## 7

要吃時，用刀沿著布丁模切一圈，把等會要裝布丁的盤子蓋在布丁模上，布丁模倒扣到盤子上，輕輕晃動布丁模，待布丁掉到盤子上時移開布丁模即成。

# 吉利丁
# GELATIN

吉利丁是從動物骨頭和皮裡提煉出來的膠質，在甜點裡的主要作用為凝固，是法國甜點裡最常使用的凝固劑，平時常見的慕斯、果凍甚至打發鮮奶油等都會用到。 吉利丁的凝結力很強， 使用量少時能做出很嫩、入口即化的奶酪，使用量多時可以做出與橡皮一樣的有彈性的糖果， 很神奇吧？ 而不同的口感往往僅是幾克吉利丁的差別，所以使用吉利丁時不只要斤斤計較，更是要「克克」計算才行。

吉利丁因為其特殊的凝結能力，有使打發鮮奶油（Whipped Cream）「定型」的功能。因為打入鮮奶油中的空氣會隨著時間增長逃走，以致於鮮奶油變得軟綿不成形。 若在其中加入少量的吉利丁，吉利丁的凝固力可以把打發鮮奶油的形狀固定住，使其保持軟綿的口感。

## 理論上……

① 吉利丁製晶有特殊的口感，沒有任何天然凝固劑可以取代。有人說洋菜（又稱寒天，英文Agar Agar）也有凝固作用，可以取代吉利丁，其實那是錯誤的，因為成品口感完全不同，一樣有凝固作用並不代表口感相同。天然凝固劑中只有吉利丁可以製作出軟嫩到似乎是介於固體與乳霜之間的口感。那麼完全不吃任何動物製品的素食主義者呢？ 那麼很抱歉了，真的吃不到很多甜點應有的口感。

吉利丁分粉狀和片狀兩種。在專業甜點領域，片狀還分不同凝結的強度，但一般市售的片狀是可以和粉狀的互相替換，只要重量一樣即可，例如：1g.粉＝1g.片狀。那怎麼知道片狀的重量？取10片來秤就可以算出一片多重，如果一片2g.重，食譜說要用5g.，那就是用2.5片囉！

吉利丁最容易失敗的地方在於：

1 溶解不當。

2 凝固不均。
兩者都會造成成品中一塊一塊的凝結不勻。其實吉利丁非常容易使用，它是個遇熱則融，越冷則凝固的東西，所以只要遵守以下幾個訣竅，便可以做出超級fancy的甜點了

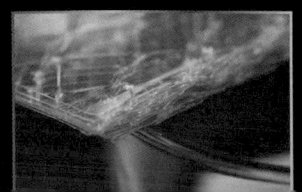

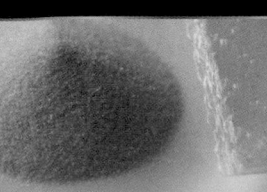

# TIPS 【成功運用吉利丁的零失敗祕訣】

**確保溶解正確.**
吉利丁使用前，應該用冷水泡開，這個動作英文稱之為bloom（動名詞：blooming）。
事先用水將吉利丁泡開，可以幫助並且確保吉利丁徹底溶解到液體中，好比煮菜時，先把太白粉和水混合才放入熱湯中。即使閱讀食譜時食譜沒有告訴你這點，要減少失敗必定要先泡開吉利丁喔！

**吉利丁粉狀和片狀泡開方法稍異。**
片狀：放入吉利丁片能夠完全浸泡到水的水量中泡軟，但是不要泡爛，觸感像煮熟的麵條，約5～8分鐘，泡軟後擠乾水份，應立刻使用。

粉狀：加入食譜指定水量中快速攪拌一下，讓每粒吉利丁粉與水接觸，吸收水份的吉利丁粉會膨脹，可以直接使用。粉狀吉利丁泡開後，只要其中水份不乾掉，可以15～20分鐘後再使用。

**避免過熱：**
（泡開的）吉利丁使用時一定要在溫熱的液體（例如果泥、牛奶）中溶解，在太冷的液體中是無法完全溶解的，但吉利丁一旦完全溶解，應避免繼續加熱，因為高溫會把吉利丁破壞掉，大大減弱或銷毀其凝固力。

**確保凝固均勻：**
吉利丁溶入的混合物在冷卻的過程一定要不時地攪拌，因為隨著溫度下降，吉利丁會開始凝固，混合可以避免凝固不均。同理可知，當很冰涼的東西，像是鮮奶油，與溶有吉利丁的混合物混合時，吉利丁的溫度會急速下降，凝固的速度很快，所以這時混合鮮奶油的動作要快，要在吉利丁凝固前將鮮奶油混合均勻，否則會有一塊一塊凝固不均的現象。

**動作要快：**
溶有吉利丁的混合物，要很快的倒入模型中，避免吉利丁在倒入模型前凝固，否則做出來的成品將定型得不夠平滑、不夠美觀。

實驗成功
SUCCESSFUL
EXPERIMENT

# 1 TIRAMISU

# 提拉米蘇
## 有 驚 喜 的 甜 點

---

## AMOUNT【成品份量】

可以做直徑9吋、高1.5吋的蛋糕
或12個迷你杯子蛋糕

## KITCHENWARE【用具】

**製作9吋蛋糕:做美式乳酪蛋糕的脫底式蛋糕烤盤**(Removable Bottom Cheesecake Pan)、慕斯模(Cake Ring),也可用有扣環的脫底烤盤(Springform Pan),但扣環在蛋糕上留下印子比較不美觀。

**製作杯子蛋糕:迷你瑪芬蛋糕烤盤**(Mini Muffin Pan)

**打蛋器**(Wire Whisk)

**手提攪拌機**(Handheld mixer)或 **直立式攪拌機**(Stand mixer):打發鮮奶油用的,沒沒關係,用手打

**攪拌盆**(Mixing Bowl)

**小湯鍋**(Small Sauce Pan):直徑比攪拌小,攪拌盆要能夠盛在這個湯鍋上面。

**鏟狀奶油抹刀**(Offset Spetula)

**刷子**(Pastry Brush)

**擠花袋**(Pastry Bag)+**菊花擠花嘴**(Daisy Pas Tip)

提拉米蘇是一種義大利甜點，甜點的基調是香濃的馬斯卡邦起司，配上瑪莎拉甜酒，再加上一點點的義式濃縮咖啡中和甜膩感。這個甜點在美國非常受歡迎，幾乎所有的義大利餐廳都有賣，但一直以來我吃到的都是又甜又膩，酒味極重，一口吃進，盡是刺激的酒精和苦苦的咖啡味，對於這種死甜、過苦、太膩的甜點，我不感興趣。直到吃到正統的提拉米蘇後才知道它也是可以很溫柔的。

原來很多店家為了省成本，常常將提拉米蘇裡要用的最重要材料馬斯卡邦起司換成便宜的 Cottage Cheese 或是 Cream Cheese，更有些直接省略任何起司只用發泡鮮奶油瞞天過海，另外就是把酒偷換成蘭姆酒，這樣不三不四的提拉米蘇當然不好吃囉！

任何吃過純正提拉米蘇的人一口就可以吃出正牌貨，因為當使用很好的材料做提拉米蘇時，這道甜點應該是冰涼、滑順、細緻，很濃的牛奶香醇味，卻又比冰淇淋爽口，瑪莎拉甜酒的溫文婉約一點都不刺激，泡過 Espresso 的手指餅乾，給整個慕斯提點香濃的咖啡香，想當然，這才是我要做的提拉米蘇。

用手指餅乾做的提拉米蘇比較傳統，我知道，而且正宗的提拉米蘇應該是糊糊的一盆甜點，並不使用吉利丁成形，但是我還是會忍不住加入吉利丁，並且使用戚風蛋糕，因為做出來的蛋糕比較美麗，我遇到美麗的東西會手軟……，這也是沒辦法的事！

原本就不會過甜的咖啡戚風蛋糕，吸飽飽咖啡酒再配上濃密的馬斯卡邦慕斯，一陣強烈帶著酒香的咖啡味與濃濃奶香交織著，好像在「吃」一杯香濃的、冒著細緻奶泡的義大利濃縮咖啡！

擁有騙人外表的提拉米蘇味的杯子蛋糕，如此小巧可愛，幾乎是在偽裝成頂著鮮奶油的巧克力杯子蛋糕了，在咬下去之前，誰知道迎上來的會是個有個性的美豔「辣」蛋糕呢？我特別喜歡藏有驚喜的甜點。

# INGREDIENTS 【材料】

咖啡酒：咖啡（Coffee）75ml：使用比平時飲用濃3倍的無糖無奶精的即溶咖啡或是用磨碎的咖啡豆煮都可以+瑪沙拉甜酒（Marsala）75ml

蛋糕體：咖啡戚風蛋糕半份(做法見見P.15)，不論是做9吋蛋糕或迷你杯子蛋糕，都只需要戚風蛋糕糊半份，但這食譜只做半份不容易成功，應做整份蛋糕糊，多出來的蛋糕糊可烤成蛋糕慰勞自己

蛋黃（Egg Yolk）57g.：約3個
白糖（Granulated Sugar）85g.
瑪莎拉甜酒（Marsala）100ml
吉利丁（Gelatin）5g.：粉狀的以25g.水溶解，水不需要瀝乾；片狀等到使用前5分鐘才以足夠水量泡軟，擠乾水份，另外準備25g的水
鮮奶油（Whipping Cream）235ml

馬斯卡邦起司（Mascarpone Cheese）226g.：從冰箱取出放置室溫約30分鐘回溫，至手指壓下起司時可以壓出指印的軟度
無糖可可粉（Unsweetened Cocoa Powder）適量

**①** 咖啡酒：（咖啡＋酒）混合。

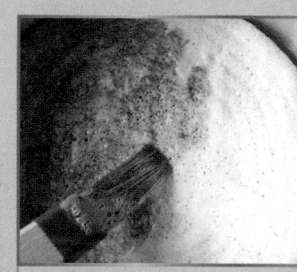

**②** 基底：

1. 9吋蛋糕：蛋糕糊放入脫底式蛋糕烤盤、慕斯模或有扣環的脫底烤盤中烤。烤好的蛋糕要放涼再脫模、脫模後再將蛋糕放回原先使用但洗乾淨的烤盤或慕斯模中。進行脫模的動作是為了成品的美觀，因為烤好的蛋糕邊緣會黏在蛋糕模上， 需用刀子輕割一圈鬆落，若沒在此進行脫模，到時候灌了慕斯的蛋糕若要用刀子割一圈脫模，成品會很醜。

2. 杯子蛋糕：在瑪芬烤盤裡放入瑪芬紙模，蛋糕糊放入紙模裡烤，烤好依個人喜好去除或保留紙模。在蛋糕表面塗滿咖啡酒。

> **VERANO SAYS :**
>
> 不要害怕塗太多咖啡酒，咖啡酒要盡量的塗＊，用力的塗，因為起司慕斯的味道是滿滿的奶香，如果蛋糕/餅乾沒有吸飽很苦的咖啡去中和起司慕斯的話，做出來的蛋糕不但很膩，而且會不夠味喔！

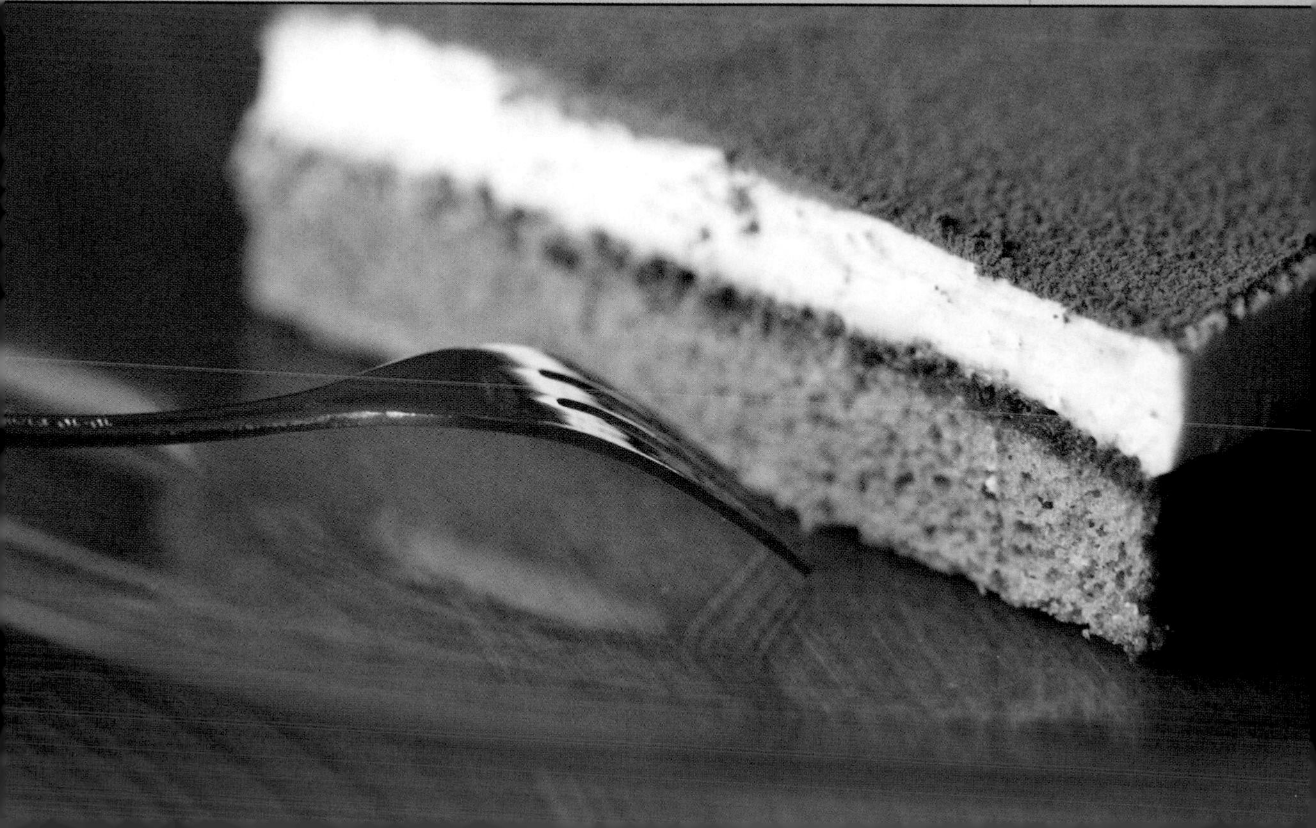

❸ 馬斯卡邦起司慕斯：

1. 取一只湯鍋，鍋內裝一點水加熱至沸騰。

2. 蛋黃液：攪拌盆內放入（蛋黃＋糖＋酒），用打蛋器混合均勻後把攪拌盆盛在湯鍋上，隔水加熱。 一邊加熱一邊不停地用打蛋器攪拌，攪拌至蛋黃液發泡，呈濃密狀，打蛋器舀起時落下的蛋黃液不會立刻消失，即可離火。

3. 溶有吉利丁的蛋黃液：（泡開粉狀吉利丁＋蛋黃液）用打蛋器充分混合，要混合至吉利丁完全溶解，這點很重要。或（泡軟片狀吉利丁＋蛋黃液＋水25g）用打蛋器充分混合至完全溶解。不論是用哪種吉利丁，都要用打蛋器撈起蛋黃液檢查有沒有未溶解的吉利丁（圖A）。

4. 打發鮮奶油：鮮奶油越冰越容易打發，所以應冷藏到使用前才從冰箱取出。 用機器將鮮奶油打發成乳霜狀（圖B）（沒有機器的話，就用乾淨的打蛋器打，順便減肥）。

5. 起司糊：（馬斯卡邦起司＋溶有吉利丁的蛋黃液）用打蛋器把起司攪散和蛋黃液充分混合。這時起司糊的溫度應該只有微溫，如果仍舊很燙的話，則要繼續攪拌至涼（目標是跟體溫差不多的溫度，摸起來只有一點溫熱但不應該燙）。

6. 起司慕斯：（起司糊＋打發鮮奶油）充分混合。 因為起司呈乳黃色，鮮奶油則為雪白色，所以注意看顏色就知道是否有混合好。

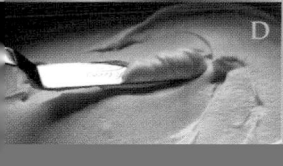

## NOTICE 注意

混入鮮奶油的慕斯應該差不多涼了，因為鮮奶油是冰的，所以應該馬上使用，避免吉利丁在倒入烤盤前凝固，那就好笑了。

❹ 提拉米蘇合體：

1. 9吋蛋糕：在吸飽咖啡酒的蛋糕體上倒入所有的起司慕斯（圖C），用奶油抹刀將慕斯抹平（圖D），放入冰箱冷藏2小時以上，確定慕斯成形後才可脫模。脫模前，在蛋糕表面撒滿可可粉。如果是用脫底烤盤或慕斯模的話，在把蛋糕從模中推出來之前，取條濕毛巾，用微波爐加熱30秒後圈住烤盤數分鐘讓邊緣的慕斯軟化，這樣蛋糕就可以很漂亮的脫模了。

2. 杯子蛋糕：把起司慕斯裝到擠花袋中，在蛋糕上擠花，放入冰箱冷藏，食用前撒上可可粉。

## 傳統做法的提拉米蘇

1份手指餅乾麵糊（做法請見P.11），烤成圓餅狀蛋糕夾層或是長條餅乾狀皆可，在烤盤裡排滿一層手指餅乾，用刷子在上面塗滿咖啡酒。接著在吸飽咖啡酒的餅乾上倒入約1公分的起司慕斯，用奶油刀抹平，再放一層餅乾，塗咖啡酒，再倒入起司慕斯。 一般我是用2層手指餅乾，若要用到3層也可以，反正重複以上動作到起司慕斯用完，最後用抹刀將起司慕斯抹平，放入冰箱冷藏約2小時，至起司慕斯成形。

同樣的，做這個提拉米蘇食譜不會把整份手指餅乾用完，約只用到一半，但還是應該採用整份手指餅乾麵糊，因為份量太少不易成功。烤多的另一半就當點心吃掉吧！

實驗成功 2
SUCCESSFUL EXPERIMENT

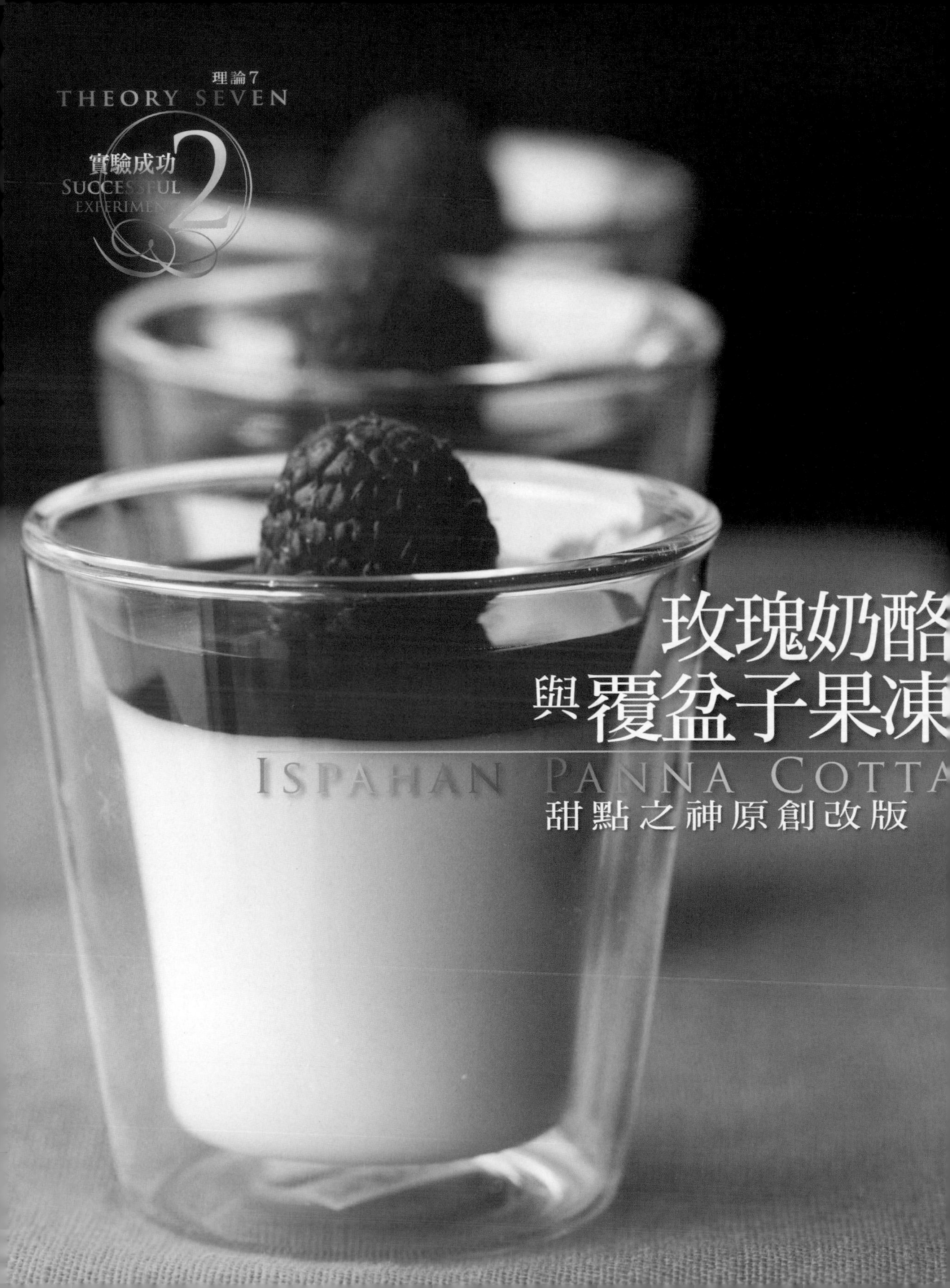

# 玫瑰奶酪與覆盆子果凍

ISPAHAN PANNA COTTA

甜點之神原創改版

查字典找Ispahan（又拼Isfahan），字典會告訴你，它是一種玫瑰的名字，抑或古波斯一個城市的名字。可是老饕會告訴你，Ispahan是個甜點，是一個結合玫瑰、荔枝、覆盆子的甜點。玫瑰？玫瑰口味的甜點？聽起來有點詭異。嗯，老實說，我對花香口味的甜點一直保持著懷疑的態度。玫瑰花固然美，花香更迷人，可是花香怎麼會好吃？或許是以往不好的經驗吧，我曾經吃到讓我誤以為是在咬肥皂的甜食。實在太可怕了，至今我甚至連那是什麼樣的甜食都記不得。

偏偏就是有天才，像是人人譽稱為法國甜點界的畢卡索的Pierre Hermé，老愛創造玫瑰花香的甜點。其中Hermé大廚最讓人津津樂道的代表作就是把玫瑰的芬芳、荔枝的甘美和覆盆子的酸澀搭配在一起，這種組合做成的馬卡龍（Macaron），稱之為Ispahan。

據說剛推出的前幾年並不受歡迎，也許大家聽到這種組合時的反應和我一樣吧——無法想像玫瑰口味的甜點，除了香氣外可以有多美味？要不是Hermé多年來固執地持續製作這種口味的馬卡龍，讓它的芳名有機會在美食界傳開來，也許Ispahan至今仍舊是一種玫瑰的名字而已。在Hermé的堅持下，如今的Ispahan已非昔日躲在甜點櫃裡受其他甜點嘲笑的角色了，它成為一個經典，是Hermé本人最得意也最喜好的作品之一，更是讓不知多少Ispahan迷為之傾倒的甜點。

至今，Ispahan也不再是玫瑰口味的馬卡龍同義詞了，它代表玫瑰＋荔枝＋覆盆子的經典組合，Hermé本人後來依據這個組合陸續創作不同的Ispahan甜點，同樣的口味也為世界各地甜點師父們仿效，用不同的口感去詮釋成不同的甜點。

全世界老饕為Ispahan瘋狂，那我個人對它的偏見呢？早在

Ispahan口味的馬卡龍入口時便徹底瓦解了。

我還記得實驗廚房成功推出的第一個Ispahan於2007年夏日的某個清晨時分，那個Ispahan讓我從白天忙到黑夜，待我拍完照片時天都快亮了，3隻貓和Mr.Lee早睡得東倒西歪，唯有我獨自拖著疲憊的身體執意完成甜點，儘管我的五官早已沈沈睡去，我還是忍不住坐下來嘗嘗辛苦的果實。沒想到原以為麻木的味蕾為Ispahan的奇特組合喚醒，隨之湧上來的是一種最深層的感動，以及對Hermé五體投地的崇拜。Ispahan呢，結合了不只是我排斥的花香甜點，還加入了我怎麼也不愛的覆盆子的酸澀味，但是這樣的組合加上我愛戀至極了的荔枝，在嘴裡化成一個歡悅美麗的樂章。

我最親愛的甜點之神Pierre Hermé呀，謝謝你對這道甜點的堅持，我現在明白你對它的迷戀了！我的第一個Ispahan口味的馬卡龍把我曾經不信任的玫瑰花香、我討厭的覆盆子，連同荔枝，在清晨的曙光下化成的一陣陣讚嘆……

如今，我把當時的Ispahan感動詮釋成冰涼的玫瑰奶酪與覆盆子果凍，將Hermé大師的經典組合以不同的面貌呈現。覆盆子馬卡龍那外酥卻不硬，內軟又濕潤的口感，被我換成滑溜沁涼的覆盆子果凍，原本馬卡龍中夾的玫瑰奶油則為綿密滑嫩的玫瑰奶酪的口感取代，不同的口感，卻同樣品味玫瑰與覆盆子，一個溫柔清雅，另一個酸澀自負的曼妙結合。

玫瑰奶酪那若有似無的淡粉紅，在嬌媚的鮮紅覆盆子果凍的襯托下顯得越加高貴優雅，這映入眼裡的溫柔色系，讓味蕾更加期待入口的經典美味。

我陶醉在奶酪的溫柔中，卻為果凍喚醒，意外收到荔枝果肉躲藏在它們之中的驚喜。

因為這個果凍與奶酪我都做得非常的嫩，幾乎是勉強凝固成固體的軟嫩，這樣溫柔的口感是需要杯子保護的，所以我這個Ispahan奶酪不脫模的呈現。

## 實驗成功 SUCCESSFUL EXPERIMENT 2

## AMOUNT【成品份量】

7個

## STEPS【做法】

## KITCHENWARE 【用具】

篩網（Sieve）
攪拌盆（Mixing Bowl）
打蛋器（Wire Whisk）
橡皮刀（Spatula）
木頭攪拌匙（Wooden Spoon）
厚質湯鍋（Heavy Bottom Sauce Pan）
玻璃杯（Water Glass）150ml

## INGREDIENTS 【材料】

**玫瑰奶酪**
全脂牛奶（Whole Milk）325g.
鮮奶油（Whipping Cream）325g.
白砂糖（Granulated Sugar）90g.
吉利丁（Gelatin）7g.：粉狀以35g.水泡開，不用擠乾水份。片狀片狀應等到要使用前5分鐘才用水泡軟，擠乾水份，另外準備35g.的水
玫瑰糖漿（Rose Syrup）30g.
玫瑰露（Rose Water）5g.：使用有機、天然的玫瑰露
荔枝的果肉（Lychee）7粒：每個果肉撥成4瓣，瀝乾水份

**覆盆子果凍**
覆盆子（Respberry）450g.：冷凍或是新鮮的皆可
水（Water）50g.
白砂糖（Granulated Sugar）50g.
檸檬汁（Lemon Juice）：15g.
吉利丁（Gelatin）6g.：粉狀以30g水泡開，不用擠乾水份。片狀應等到要使用前5分鐘才用水泡軟，擠乾水份，另外準備30g水
荔枝的果肉（Lychee）3粒：切成0.3cm細丁，瀝乾水份
新鮮覆盆子（Fresh Respberry）7顆

**1** 熱牛奶：（牛奶＋鮮奶油＋糖）混合，用湯鍋煮熱，把糖煮到完全溶解，並讓牛奶在鍋子邊緣有小泡泡的熱度熄火。

**2** 吉利丁溶液：（泡開的粉狀吉利丁＋熱牛奶）攪拌至吉利丁完全溶解。或（泡軟片狀吉利丁＋熱牛奶＋水30g.）攪拌至吉利丁完全溶解。

**3** 玫瑰奶酪：（吉利丁溶液＋玫瑰糖漿＋玫瑰露）混合。

**4** 玫瑰奶酪平分到各個杯子中，在每個奶酪正中間塞入4瓣荔枝果肉。用保鮮膜封好杯子，拿到冰箱冷藏約4小時至奶酪凝固。

**5** 將覆盆子裝到塑膠袋中，擠壓袋子把覆盆子壓爛。

**6** 覆盆子汁：湯鍋中裝（覆盆子＋水＋糖），以中火煮至沸騰，沸騰後轉小火煮5分鐘，加入檸檬汁熄火。用濾網過濾覆盆子泥，取270g.果汁。

**7** 覆盆子果凍：（泡開的粉狀吉利丁＋覆盆子汁）攪拌至吉利丁完全溶解。或（泡軟片狀吉利丁＋覆盆子汁＋水30g.）攪拌至吉利丁完全溶解。

**8** 從冰箱取出玫瑰奶酪，在每個奶酪上平均注入等量的覆盆子果凍，在每個果凍裡放入5個荔枝丁塊，荔枝果肉要完全不要露出表面，若有露出來的，用手指或是湯匙壓入果凍中。用保鮮膜封好杯子，拿到冰箱冷藏至果凍約4小時至凝固。

**9** 食用時，每個果凍上放一顆新鮮覆盆子，就是又美麗又美味的甜點了。

# 廚房裡的貓 MITZI 篇

特徵　有暹邏貓血統，毛色是灰頭土臉的深淺兩種棕色，體型修長，眼睛是寶藍色的。

個性　喜歡撒嬌過於吃，三隻貓中最聽話，很愛「嗯？嗯？嗯？」的像在問問題似的跟Verano講話。極度討厭照相，只要看到照相機就會擺張臭臉。因為Mitzi可能腦袋不太靈光，常常做出很好笑的舉動，自認是人而非貓，對其他兩隻貓不太答理，所以常被Turbo和Mia欺負。

嗯？嗯？

嗯？嗯？

每次照Mitzi都要像做賊一樣，要輕手輕腳偷偷逼近，才能拍到美美的照片。

Mitzi真是高雅脫俗，讓Verano忍不住偷按快門。

但是喀擦聲太大了，Mitzi一看到照相機就生氣了…

臭臉Mitzi說：你到現在還不知道本姑娘不愛拍照嗎？

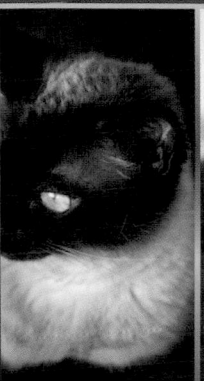

不要再拍了啦！

Mitzi冷靜優雅的說：妳-到-底-有-完-沒-完。

62.63

# 卡士達醬
## CUSTARD SAUCE

所謂的卡士達醬，是以蛋、牛奶、糖和香草製成的簡單奶蛋醬。 許多甜點醬汁都從它延伸，也有許多簡單甜點以它製成，比方冰淇淋和布丁，所以它可以說是甜點廚房裡最重要的一種甜醬。 其製作過程不困難， 主要由幾近沸騰的牛奶（也會使用鮮奶油或是兩者混合液體）和加了糖的蛋汁（有時使用全蛋，有時候是純蛋黃，也有兩者皆有）混合而成，大多時候加香草調味。

這種甜醬在奶和蛋混合後，如果再度回鍋加熱煮至濃稠，則另外有特別的名稱， 法文稱之為Créme Anglaise，照字面翻譯是英格蘭奶油醬，但英文又稱之為Vanilla Custard Sauce（香草卡士達醬）或是Stirred Custard（攪拌的卡士達醬）。

## 理論上…… 學會調溫就能成功做出卡士達醬？

要成功做出卡士達醬，目標只有一個：避免蛋汁被熱牛奶煮成蛋花，僅此而已。 如何避免變成蛋花呢？ 很簡單，只要做好「調溫」的動作。

所謂的調溫就是將滾燙的牛奶漸進地加入蛋汁中的動作。

Verano的省力調溫法：

調溫時，一手用打蛋器不斷地攪拌蛋汁，一手取湯瓢舀熱牛奶，一次一瓢匙地將熱牛奶慢慢地加入蛋汁中混合，動作重複至1/2以上的熱牛奶用完，這才將剩下的牛奶一次倒入蛋汁中。須注意的是倒牛奶的動作要慢，攪拌蛋汁的動作也不能停。 使用湯瓢的方法比一邊攪拌蛋汁、一邊還要單手舉起整鍋滾燙的牛奶倒入輕鬆多了，而且可以避免一開始不小心倒太快把蛋汁煮成蛋花的危險呢！

# TIPS進階……【成功做出香草卡士達醬
## CRÈME ANGLAISE的零失敗祕訣】

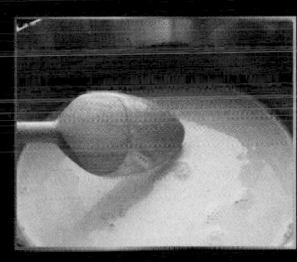

成功地做出卡士達醬之後，再進階的是比較容易失敗的香草卡士達醬。 因為奶蛋汁回鍋加熱的時候，裡面的蛋還是會有變成蛋花（蛋＋熱＝蛋花）的危險。那麼要如何成功地做出香草卡士達醬呢？

① 製作卡士達醬時，牛奶要盡量加熱，加熱到只差沒有完全「沸騰」（沸騰指的是牛奶開始激烈的冒泡，並且開始溢出鍋子）。因為越燙的牛奶，做出來的卡士達醬溫度越高，那麼將卡士達醬移至爐台上加溫煮到濃稠的時間則會縮短，縮短加熱時間＝減少煮成蛋花的危險。

② 卡士達醬做好，回鍋繼續煮成香草卡士達醬時，火候要小，並且要不斷地用打蛋器以劃「8」和劃圈的方式攪拌每個角落，這時千萬要有耐心的在一旁守候不要走開。

③ 如何判斷香草卡士達醬做好了？
**1. 用觀察的方式判斷：**
當卡士達醬煮至濃到可以裹覆湯匙，而且用手指劃過覆在湯匙背面的醬，可以劃出清楚的一條線時，就代表香草卡士達醬煮成了。
**2. 使用溫度計：**
87℃/190°F 是香草卡士達醬的極限，超過這個溫度，蛋會煮熟變成固體。 因為這種醬即使在熄火後，還有幾秒鐘的時間溫度會持續升高，所以在醬汁達到82～85℃/180～185°F 時，就應該立刻熄火，不然蛋會煮熟凝結，就不是滑順的香草卡士達醬了。
含蛋量比較高的香草卡士達醬比較濃稠（圖A）。

含蛋量比較低的香草卡士達醬比較稀，但仍可以劃線。（圖B）

④ 煮好的香草卡士達醬一定要急速降溫後冷藏，避免細菌滋生。可準備一個盆子，裡頭裝滿冰塊＋冷水，待香草卡士達醬一煮好，馬上將鍋子放置在這盆冰水中泡冷水澡，冰水必須泡到醬的一半高。等香草卡士達醬觸摸起來涼涼的，就可以蓋好放到冰箱裡備用了。

# 烤布蕾
## CRÈME BRÛLÉE

### 集戲劇性與美味於一身的甜點

## AMOUNT【成品份量】　　KITCHENWARE【用具】

約4個（約150ml）

至少5cm深的烤盤（Hotel Pan）
布丁模（Creme Brulee Mold or Custard Mold）
打蛋器（Wire Whisk）
噴槍（Torch）

## STEPS【做法】

**1**　蛋黃液：用打蛋器將（蛋黃＋糖）充分混合。烤箱預熱到175℃/350℉，把布丁模放到烤盤裡。注意：布丁模不要擠在一起，布丁模之間要有間距，布丁受熱才會均勻。

**2**　鮮奶油蛋汁：湯鍋盛裝鮮奶油，煮至剛剛沸騰（快要沸騰時馬上熄火），用「調溫」的方式（做法請見P.65）把鮮奶油加到蛋黃液中。加入香草精和鹽，充分攪拌。

**3**　鮮奶油蛋汁注入布丁模中，把烤盤放進烤箱後，布丁模外圍注入熱水，水要倒入布丁模的一半高（布丁像在泡澡一樣，這個英文叫 water bath）。

**4**　蒸烤至刀子插入布丁時布丁不沾刀鋒，且湯匙輕擊布丁模側面時，布丁只有微微晃動，不再像是液體那樣有明顯波動。烤好的布丁從熱水中取出，放置在涼架上降溫。稍後，放入冰箱冷藏2小時。

烤布蕾法文為Crème Brûlée，照翻成英文的意思是Burnt Cream，意指「燒焦的奶醬」，雖然這樣稱呼，但在這個甜點焦的卻是糖而不是奶醬。

充滿戲劇效果的烤布蕾，用蛋、糖、鮮奶油及香草精煮成，是再簡單不過的甜點，可是不知多少人曾經跟我說過它很難做，而且看到外面店裡賣的烤布蕾預拌粉很受歡迎，把我嚇得遲遲不敢動手做，只好乖乖的上餐廳吃，讓餐廳騙走許多銀兩。我這樣被騙了N年加無數的銀子，直到有一天我讀食譜時，腦袋裡的燈泡突然亮起，喔～基本上就是和我已經會做的焦糖布丁差不多的東西嘛！說難聽點都是「甜蒸蛋」，而且這道還不用煮焦糖，吃的時候才在布丁上燒一層薄薄脆糖衣！

從噴槍噴出熱烈的火焰，到用湯匙敲破脆糖衣，到焦糖碎片被牙齒咬碎時的清脆響聲在耳際間響起，最後焦糖融入濃密的布丁中……好個集戲劇性與美味於一身的甜點呀！

每次看著晶瑩剔透的白糖顆粒燒成金褐色的透明糖衣，我總是忍不住和我的客人們一起驚嘆，儘管這樣的戲碼在我家已上演不知道多少次了，那份喜悅仍舊不減！

## INGREDIENTS 【材料】

蛋黃（Egg Yolk）120g.：約6個
白砂糖（Granulated Sugar）55g.
鮮奶油（Whipping Cream）475ml
鹽（salt）1搓
白砂糖（Granulated Sugar）少許：用來燒焦糖用的

天然香草精（Natural Vanilla Extract）2g.：要用品質很好的香草精，因為這道甜點材料簡單，每樣材料都會影響美味

要吃之前用湯匙將白砂糖均勻地撒在布丁表面薄薄一層，用噴槍燒到糖融化成麥芽糖色，有些點會稍微焦一點，那是正常的喔！

### VERANO SAYS：

沒有烤箱的做法：用大同電鍋像蒸蛋一樣把布丁蒸到刀子插入布丁裡不沾黏後放涼。要撒糖之前，先用紙巾輕輕地把布丁表面的水蒸汽吸乾，這時就可以燒焦糖了。

# MASCARPON

# 馬斯卡邦冰淇淋

## 獻給老妹

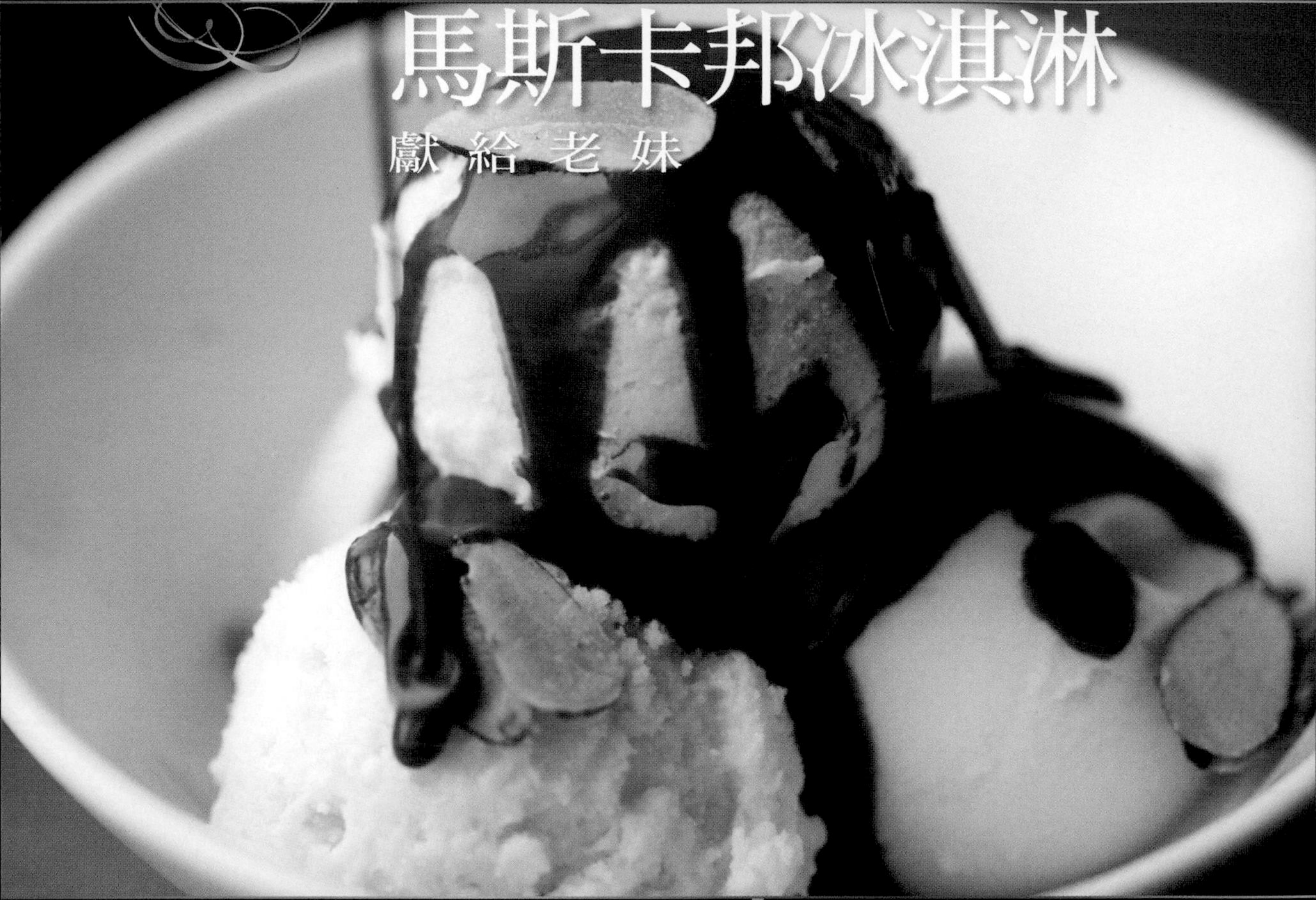

去年，我老妹別有居心地送了我一台義大利進口冰淇淋機做生日禮物，「順便」列了一長串她想吃的冰淇淋清單。面對這樣明顯的暗示，我不做冰淇淋就太對不起老妹了，當時正值芒果季，所以家裡的一箱芒果剛好變成實驗廚房的第一桶冰淇淋。從家裡出產的第一球芒果冰淇淋，濃濃的芒果香和果肉，重燃我對冰淇淋的熱愛。

說真的，怎麼可能會有愛冰的人不愛自製的手工冰淇淋呢？手工冰少了人工調味和添加物比較健康不說，還可以使用許多市售冰淇淋不可能用的上等材料，像是高級巧克力等等，更令人興奮的是可以多一種方式吃到當令水果的甜美。

更美的是自製冰淇淋不難，因為冰淇淋使用香草卡士達醬為底，所以只要學會香草卡士達醬和擁有一台冰淇淋機，你就可以踏上手工冰淇淋的不歸路了。因為冰淇淋可發揮的空間太大，恐怕一個單元不夠摘錄我所有的冰淇淋食譜，所以在此選擇兩個比較特別的最愛跟大家分享：馬斯卡邦冰淇淋&玫瑰冰淇淋。

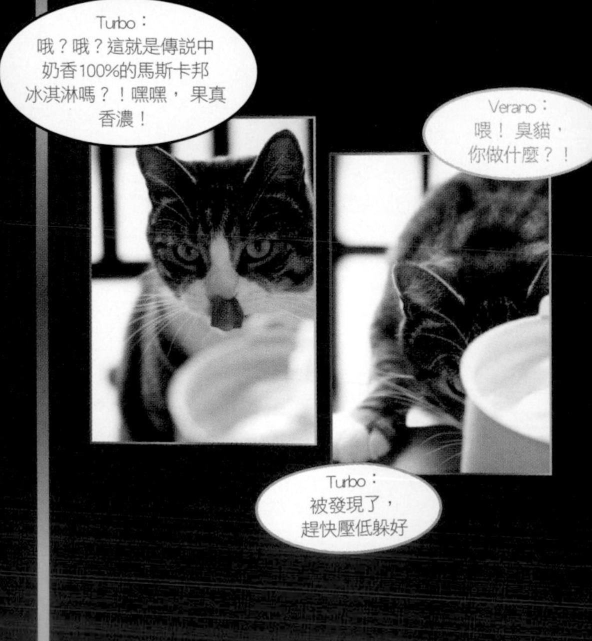

Turbo：
哦？哦？這就是傳說中奶香100%的馬斯卡邦冰淇淋嗎？！嘿嘿，果真香濃！

Verano：
喂！臭貓，你做什麼？！

Turbo：
被發現了，
趕快壓低躲好

# ICECREAM

## AMOUNT【成品份量】

1公升（Liter）

## KITCHENWARE 【用具】

厚質湯鍋（Heavy Bottom Sauce Pan）
攪拌盆（Mixing Bowl）
打蛋器（Wire Whisk）
橡皮刀（Spatula）
湯瓢（Ladle）
大淺盆（Shallow Bowl for Water bath）：裝滿冰塊和水
冰淇淋機（Ice Cream Maker）

## INGREDIENTS 【材料】

蛋黃（Egg Yolk）110g.：約6個
白砂糖（Granulated Sugar）18bg.
全脂牛奶（Whole Milk）625ml
鮮奶油（Whipping Cream）150ml
鹽（Salt）1小搓
馬斯卡邦起司（Mascarpone Cheese）227g.：從冰箱取出，放置至溫約30分鐘回溫，到手指壓下起司時可以壓出指印的軟度
純天然香草精（Natural Vanilla Extract）5g.
糖釀草莓或苦味巧克力醬（Strawberry Conserve or Dark Chocolate Sauce）適量，亦可不加

### VERANO SAYS：

我覺得最方便的做法是拿一個厚質塑膠袋裝香草卡士達醬，擠出空氣後，放入冰箱冷藏。裝在塑膠袋時，等要倒入冰淇淋機的時候，只要把塑膠袋剪一個洞就可以一滴不漏地倒入機器裡。

## STEPS【做法】

**1** 蛋黃液：（蛋黃＋糖）放到攪拌盆裡用打蛋器充分混合。

**2** 熱鮮奶：湯鍋中裝（牛奶＋鮮奶油），中火煮至沸騰，離火。

**3** 鮮奶蛋汁：用「調溫」的方式（做法請見P.65）把熱鮮奶加到蛋黃液中。

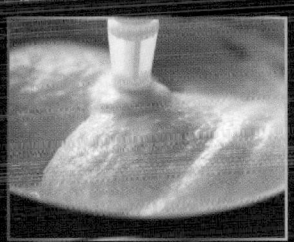

**4** 香草卡士達醬：將煮牛奶的湯鍋洗淨後盛裝鮮奶蛋汁，以中小火加溫，一邊加溫、一邊用打蛋器不停地攪拌，煮至鮮奶蛋汁呈濃稠狀，可以裹覆在湯匙背面，並且用手指劃出一條清楚的線，離火。

**5** 將鍋子放到盛有冰水的大淺盆中浸泡，不時地用打蛋器攪拌，待香草卡士達醬稍涼不再冒熱氣時，放入（鹽＋起司＋香草精）。用橡皮刀將起司在鍋內擠壓成小塊，再用打蛋器攪拌至完全融化為止。這時香草卡士達醬應該已經完全涼了，用保鮮膜緊緊封住表面，放置到冰箱冰2～4小時。

**6** 香草卡士達醬冰透後倒入冰淇淋機中，遵照個別冰淇淋機的使用手冊即可完成冰淇淋。要注意的是：這種冰不要在冰淇淋機裡攪拌太久，因為起司攪拌過度會出油，所以只要冰淇淋「形成」，即可取出移至冷凍庫，冷凍至少4小時。
如果冰淇淋冷凍超過24小時，要吃時的前30分鐘，把它從冷凍庫移到冰箱，稍微退冰後口感較佳。也可淋上糖釀草莓或苦味巧克力醬品嘗。

# 豪華加料
# 苦味巧克力醬

## DARK CHOCOLATE SAUCE

## AMOUNT【成品份量】

約 400ml

## KITCHENWARE 【用具】

橡皮刀（Spatula）或木頭攪拌匙（Wooden Spoon）
厚質湯鍋（Heavy Bottom Sauce Pan）

## INGREDIENTS 【材料】

法芙那70%苦味黑巧克力（Valrhona Guanaja 70%）140g.：用其
他品牌的70%巧克力代替也可以，但是請慎選高品質巧克力使用
白砂糖 （Granulated Sugar）75g.
鮮奶油（Whipping Cream）125ml
全脂牛奶（Whole Milk）125ml
水（Water）125ml

## STEPS 【做法】

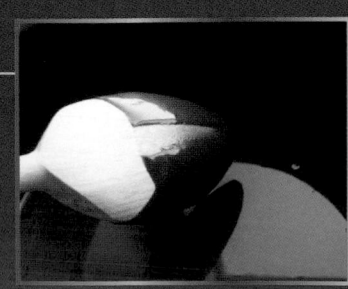

　　將以上材料全部放入湯鍋中，一邊輕輕，
攪拌一邊以中火加熱至巧克力融化，加熱到
巧克力醬變濃稠可以裹覆攪拌匙背面，並且
用手指可以劃一條清楚的線即成。

# 豪華加料
# 糖釀草莓
## STRAWBERRY CONSERVE

## AMOUNT 【成品份量】
約500g.

## KITCHENWARE 【用具】
攪拌盆（Mixing Bowl）
橡皮刀（Spatula）或 木頭攪拌匙（Wooden Spoon）
厚質湯鍋（Heavy Bottom Sauce Pan）

## INGREDIENTS 【材料】
草莓（Strawberry）500g.：草莓洗淨，瀝乾，去除草莓蒂後的重量
白砂糖（Granulated Sugar）180g.
檸檬汁（Lemon Juice）30ml：約1顆檸檬

## STEPS 【做法】

**1**
草莓洗淨、瀝乾、除蒂、切片，放入攪拌盆中

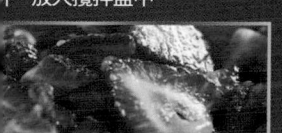

**2**
在草莓上撒糖，輕搖攪拌盆，並且用橡皮刀輕翻草莓，確定草莓均勻地裹覆糖，用保鮮膜封好，放入冰箱醃漬4小時或是隔夜。

**3**
把草莓醃漬出的汁液倒入湯鍋中，大火煮至沸騰，轉小火，繼續煮至湯汁濃稠，有大氣泡產生時加入（草莓＋檸檬汁），煮5分鐘，湯汁再度變濃後熄火。

**4**
冷卻後放入冰箱冷藏，保鮮期限為3星期。加在馬斯卡邦冰淇淋或卡士達醬上，味道都很棒。

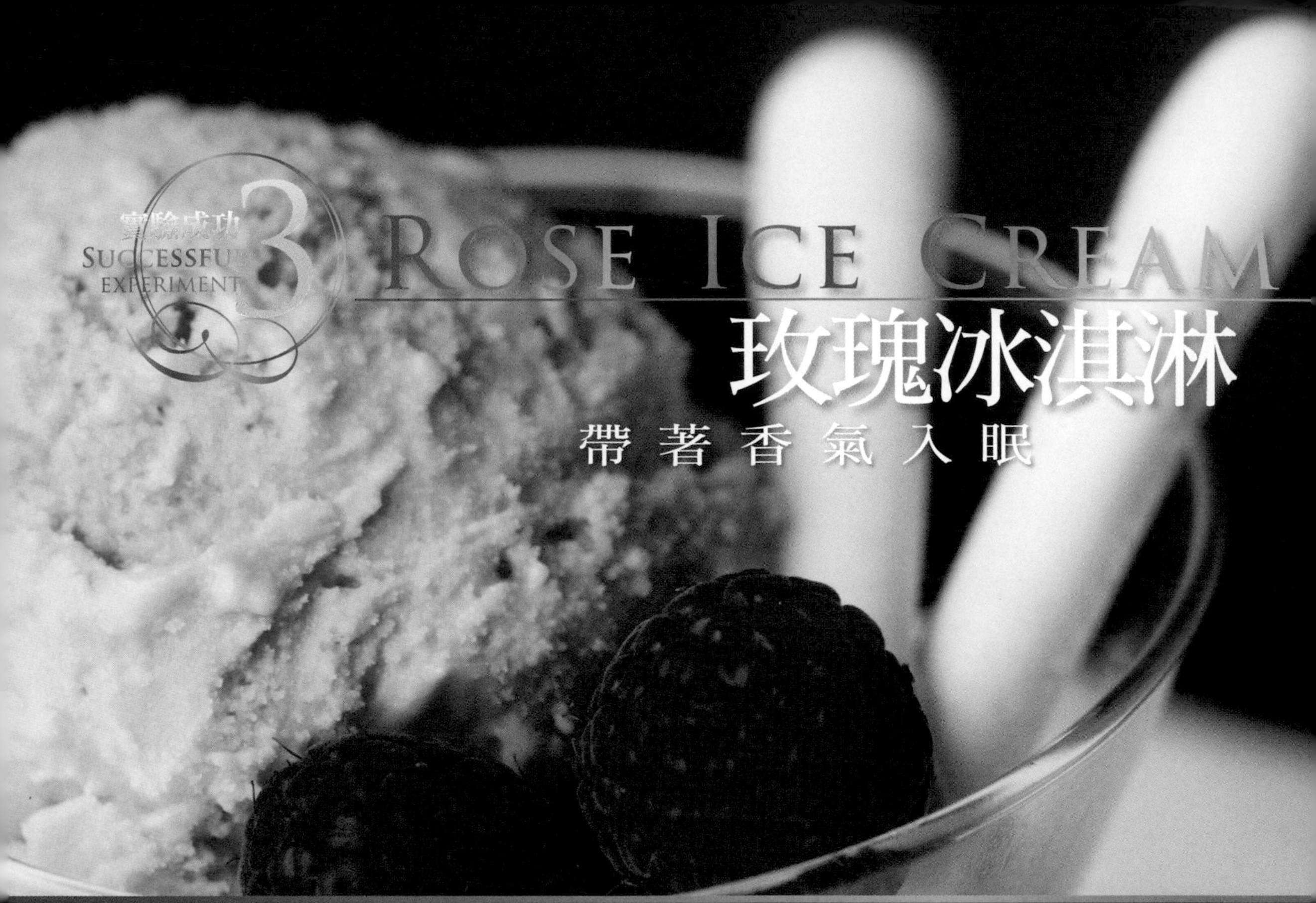

實驗成功 3 SUCCESSFUL EXPERIMENT

# ROSE ICE CREAM

# 玫瑰冰淇淋

## 帶著香氣入眠

## AMOUNT【成品份量】

可製作 1公升（Liter）

## KITCHENWARE【用具】

**厚質湯鍋**（Heavy Bottom Sauce Pan）
**攪拌盆**（Mixing Bowl）
**打蛋器**（Wire Whisk）
**橡皮刀**（Spatula）
**湯瓢**（Ladle）
**大淺盆**（Shallow Bow for Water bath）：**裝滿冰塊和水**
**冰淇淋機**（Ice Cream Maker）

## STEPS【做法】

**1**

蛋黃液：（蛋黃+糖）放到攪拌盆裡用打蛋器充分混合。

**2**

熱鮮奶：湯鍋中裝（牛奶＋鮮奶油），以中火煮至沸騰，離火。

**3**

鮮奶蛋汁：用「調溫」的方式（做法請見P.65）把熱鮮奶加到蛋黃液中。

**5**

將鍋子放到盛有冰水的淺盆中浸泡，不時地用打蛋器攪拌，待香草卡士達醬稍涼不再冒熱氣時，倒入（玫瑰糖漿＋玫瑰露），用打蛋器攪拌至混合均勻為止。待香草卡士達醬完全涼了，用保鮮膜緊封住表面，放置到冰箱冰2～4小時。

**6**

香草卡士達醬冰透了後倒入冰淇淋機中，遵照個別冰淇淋機的使用手冊完成冰淇淋。

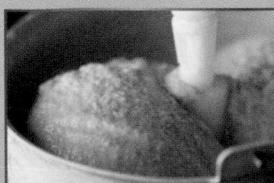

自從嘗到 Ispahan＊而拜倒在散發玫瑰香的馬卡龍（Macaron）裙邊後，我變成Pierre Hermé大廚創造的每個玫瑰口味甜點的愛好者，包括我以前光聽名字就已興味索然的玫瑰冰淇淋，現在惦念Ispahan的時候，都會馬上做一桶玫瑰冰淇淋來解饞。冰淇淋比馬卡龍簡單多了，卻同樣可以嘗到玫瑰奶油入口即溶的華麗口感和雅緻的清香。

在我家吃到這款冰淇淋的朋友，回家寫信跟我說：這道甜點不只讓他和老婆幽幽嘗香，連帶手指都沾了玫瑰香，讓他們那一晚帶著香氣入夢。

> What？！玫瑰口味的冰淇淋？太怪了……

> 見鬼！呵呵……真好吃～

＊Ispahan，這美麗名字的故事，請見P.61。

# NGREDIENTS 【材料】

| | | |
|---|---|---|
| 蛋黃（約8個，Egg Yolk）155g． | 玫瑰糖漿（Rose Syrup）125g．：注意這是重量 | 玫瑰香料，做出來的冰淇淋像吃肥皂一樣難吃。若要有清雅的玫瑰花香，必定使用天然的玫瑰露。 |
| 白砂糖（Granulated Sugar）190g． | 純天然玫瑰露（All Natural Rose Water）50g：注意這是重量。玫瑰露的品質非常重要，倘若使用人工 | 仙女的手指餅乾&覆盆子(Fairy's Finger & fresh Raspberry) 適量。（仙女的手指餅乾做法請見P.16） |
| 全脂牛奶（Whole Milk）600ml | | |
| 鮮奶油（Whipping Cream）350ml | | |
| 鹽（Salt）1搓 | | |

1
香草卡士達醬：將煮牛奶的湯鍋沖洗乾淨後盛裝鮮奶蛋汁，以中小火加溫，一邊加溫一邊用打蛋器不停地攪拌，要煮至鮮奶蛋汁呈濃稠狀。當你感覺蛋汁有變濃的跡象時，用一支湯匙測試，可以裹覆在湯匙背面，並且可以用手指劃出一條清楚的線後離火，放入鹽攪勻。

7
要吃的時候，先把冰淇淋從冷凍庫移到冷藏15分鐘，口感較佳。放上餅乾及覆盆子做裝飾即可。

# CRÈME PÂTISSERIE

## 豪華加料 甜奶油醬

Crème Pâtisserie 中的Pâtisserie，法文是「甜點」的意思，意指「做甜點的醬」，由此可見這種甜餡在法國甜點師父們廚房裡的重要性。那麼到底什麼是Crème Pâtisserie？我覺得它可以說是卡式達醬加了「勾芡」的濃稠版本，但這麼說太對不起它了，因為它的口感甚為華麗，其華麗的口感來自奶油，讓人忍不住一口接一口的吃，難怪它的使用如此廣泛，從泡芙、甜塔、各式各樣的慕斯、奶油霜等都有用到，所以它是種要做法國甜點非學不可的甜餡。

## AMOUNT【成品份量】

可以製作1個直徑22～24cm的塔（做法請見P.79）或填24個泡芙（做法請見P.92）

## KITCHENWARE【用具】

攪拌盆（Mixing Bowl）
打蛋器（Wire Whisk）
橡皮刀（Spatula）
木頭攪拌匙（Wooden Spoon）
厚質湯鍋（Heavy Bottom Sauce Pan）

## INGREDIENTS【材料】

白砂糖（Granulated Sugar）115g.
蛋黃（Egg Yolk）115g.：約6個
玉米粉（Cornstarch）42g.
鹽（Salt）1搓
全脂牛奶（Whole Milk）500g.
純天然香草精（Natural Vanilla Extract）5g.
無鹽奶油（Unsalted Butter）40g.：切丁狀，放在室溫使之回溫

## STEPS【做法】

**1** 準備一個盆子，裡頭裝滿（冰塊＋冷水）做冷水澡。

**2** 蛋黃液：（蛋黃＋糖＋玉米粉＋鹽）放到攪拌盆裡用打蛋器充分混合。

**3** 熱鮮奶：湯鍋中裝牛奶以中火煮至快沸騰後離火。

**4** 鮮奶蛋汁：用「調溫」的方式（做法請見P.65）把熱鮮奶加到蛋黃液中。

**5** 將鮮奶蛋汁裝到湯鍋中，以中火煮，邊加熱要邊不斷地用打蛋器混合。快要沸騰時將火轉小，繼續煮至沸騰，沸騰後繼續加熱並攪拌2分鐘才離火。

**VERANO SAYS:**

因為加了玉米粉的關係，卡士達醬一定要煮至沸騰（注意：和香草卡士達醬不同）。原因是玉米粉需要達到沸點才有凝結的特性，若太早熄火的話成品不但味道不好，口感也不對。

**6** 煮好的醬連同鍋子，馬上泡入冰塊中降溫，待溫度稍涼不再冒煙時，先攪入純天然香草精，再一次一點的加入奶油，加到奶油全部融入醬裡。繼續泡冰水至完全冷卻，冷卻期間要不時地去攪拌。

**7** 醬徹底冷卻後，用保鮮膜緊封住醬的表面，放入冰箱冷藏，可以保鮮2天。

# 廚房裡的貓 MIA 篇

Mia：Verano的另一隻愛貓。？是Mitzi的媽媽，但是不愛女兒，專找Mitzi打架。

特徵　有暹邏貓血統，長相和Mitzi相似，眼睛也是寶藍色的，但是體重為Mitzi的兩倍，相較於女兒的修長，她是圓嘟嘟的，像是會走動的枕頭。

個性　熱情、善忌、大多時候很孤僻地躲在角落睡覺、和Turbo是好朋友。？

既然Mia & Mitzi 都是Verano結婚前已有的貓，照習俗，為什麼不是Verano的貓咪們被稱之為拖油瓶呢？

　　因為書是Verano在寫的呀！

妳趕快拍一拍，我要睡覺了？

年紀大了，每天都好睏……

什麼？不讓我睡？心情真不好，Mitzi在哪裡，讓我去打他兩拳……？

理論 THEORY 9

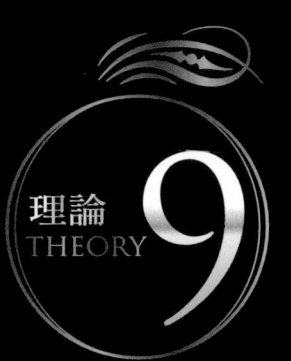

# 香酥塔皮之迷
# TART

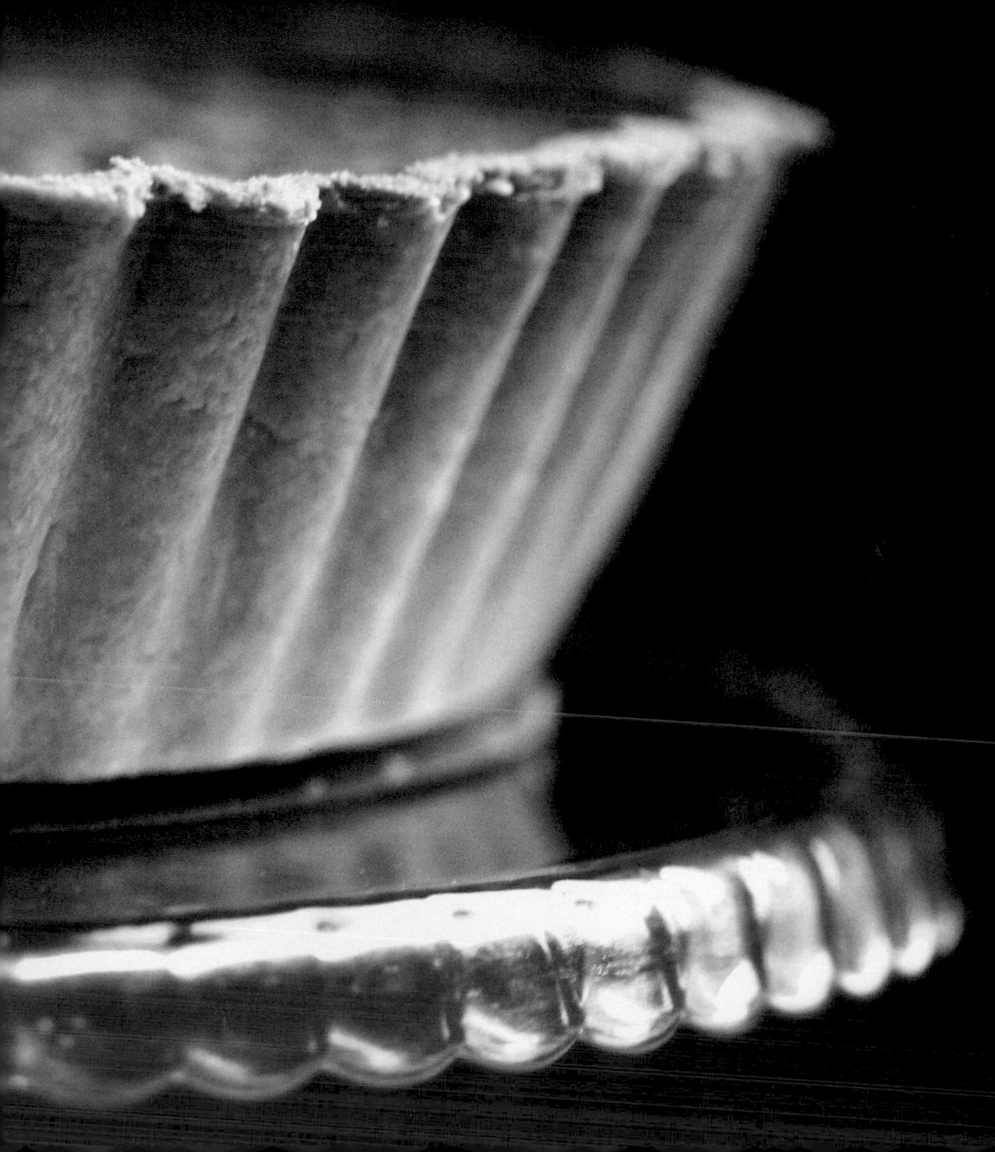

酥皮！酥皮！ 吃塔時，我最愛的部份是酥酥的皮～～

問題是，在外面吃塔，酥酥的皮可以說是可遇不可求，不是店家一開始就做得不酥，不然就是填好餡的塔放置得過久，潮掉了。其中，塔皮一開始就做不好這點最讓我匪夷所思，香酥的皮真～～～～那麼難嗎？ 我一方面為了想吃到酥皮的渴望驅使，另一方面是「好奇＋抱著我偏不信這很難的心情」，開始研究「酥皮理論」。

**理論上…… 怎麼做出世界上最最最香酥的塔皮呢？**

其實總歸一句話：一切在於奶油的混合，以及不要過度混合麵糰！

What？真的？這麼簡單嗎？Yeah… 基本上是呀，請讓我慢慢道來成功做出完美香酥塔皮的零失敗祕訣：

① 酥的口感，來自於奶油的作用。奶油在低溫時是硬質的固體，但遇高溫融化時，其中的水分會蒸發，所以若在麵糰中留有顆粒狀的奶油，在烤的過程奶油會在麵糰裡撐出小細縫，而這「細縫」到了嘴裡就是「酥」的口感。

② 奶油的顆粒大小會影響酥皮的口感。「酥」要怎麼區分？怎麼個酥法？是一層層，咬下去嘗一片片的那種酥（英文說是flaky），像是千層派或法國可頌麵包的口感；還是咬下去像砂狀顆粒在嘴裡爆散開來的酥（英文說是crumbly或sandy），像是法式沙布蕾（sablé）手工餅乾或奶油酥餅（Shortbread）的口感呢？

這兩種酥法的區別，在於製作麵糰時，奶油顆粒保留的大小，奶油顆粒越大，就是越「flaky」的酥；奶油越細小，則為越「crumbly」的酥，做塔皮要的是後者。因為前者容易受潮，裝餡以後會很快地變軟，而且flaky的那種皮很容易破洞，無法裝液態的餡，像是做鹹蛋塔（Quiche）就不適合。

奶油要冰。奶油的溫度越低越硬，使得它得以在攪拌的過程保持顆粒狀；反之，奶油若過於柔軟，在混合過程則會與麵糰完全混合，那麼成品就不會有酥酥的口感了。

③ 除了奶油要冰，麵糰中加的水也要是冰涼的。同上面一條的道理，為的是保持整個麵糰的低溫，讓奶油得以保持顆粒狀。

④ 要製作優質的酥皮一定要使用奶油，不要使用酥油或是白油（Shortening）。不是酥油不酥，而是口感的問題。因為酥油是合成的油脂，不融於口，吃起來口感油膩，又不健康。

## NOTE 筆記

### 派（Pie）＆塔（Tart）有什麼差別？

一般來說，派是有上層皮和下層皮，餡包在中間的，雖然大多美國人發明的口味，無論是否有上層的皮都統稱派。另一個區分的地方在於厚度，塔一般比較薄，大多不超過3cm高。另外，兩者皮的酥法不同，派皮偏向flaky的酥法，塔皮則是crumbly。

# 火腿香菇鹹蛋塔

## 奶香湧現

**每**當有人問起：妳都煮哪一國料理？我答不上來，因為我會做的東西都是我愛吃的，跨越多國料理，每一種料理我會一兩招，所以說不上專精於任何一國的料理。同理可推，我不喜歡吃的東西我一定不會做。Quiche（鹹蛋塔）就是一個例子。

我一向不懂Mr.Lee為什麼去簡餐店喜歡點Quiche，因為沒有什麼比做得不好的Quiche，以及不再香酥的派皮更令我討厭，而大部份時候Mr.Lee點的Quiche都集這兩個特徵，有時候甚至是冷的──也許這是我從來沒有愛上Quiche的原因，我也因此從來沒想過要實驗Quiche。對於不喜歡吃的東西，我自然沒有想要克服萬難去研究和實驗的動力，畢竟我是為貪吃驅使的人吶！

那Mr.Lee怎麼不會吵著要吃Quiche呢？很簡單，一句：「我不會做，沒看過食譜……」等等推脫掉。

我雖然這麼跟Mr.Lee裝蒜，可實際上，我最愛的料理書之一，名廚Thomas Keller撰寫的《Bouchon》裡就有Quiche的食譜，而且書早被我翻爛了，

## AMOUNT【成品份量】

可以製作1個 直徑 24cm，5cm深的鹹蛋塔

## KITCHENWARE 【用具】

攪拌盆（Mixing Bowl）
直立式攪拌器（Stand mixer）或 電動食物調理機（Food Process）：最好有其中一樣。 如果沒有的話只好用叉子和手指
橡皮刀（Spatula）
木頭攪拌匙（Wooden Spoon）
擀麵棍（Rolling pln）
烤盤（Jelly Roll Pan 或 Cookie Sheet）
烘焙紙（Parchment Paper）
帆布（Pastry Cloth）或 矽膠墊（Silicone Mat）或 保鮮膜（Plastic Wrap）
直徑24cm，深5cm 的可脫底塔模（Removable Bottom Tart Mold）
陶製重石（Pic Weight）或 豆子（Beans）
果汁機（Juice Blender）或 移動式研磨器（Immersion Blender）
涼架（Cooling Rack）
鋸齒刀（Serrated Knife）

## INGREDIENTS 【鹹塔皮材料】

中筋麵粉（All-Purpose Flour）400g.
鹽（Salt）8g.
無鹽奶油（Unsalted Butter）250g.：從冰箱取出奶油，用刀子切成0.5cm丁狀，不怕麻煩想切更小也可以，切好後放到冷凍庫冰5分鐘
冰水（Ice Water）75g.：在冰箱冰至少15分鐘

我當然早知道那些食譜的存在，只是假裝沒看到而已，然後我每次在讀這本書的時候，只要Mr.Lee走近，我就趕快翻頁，終於有一天，正當我又在翻閱《Bouchon》，讀食譜讀得忘情時，竟然被Mr.Lee突襲，意外地被他發現書裡有Quiche食譜！

於是，在一陣撒嬌、賴皮、裝蒜、耍寶、傻笑、裝可憐、耍可愛、苦苦哀求、在地上耍賴、甚至打滾等十八般武藝都上陣之後，實驗廚房裡飄出了第一個鹹蛋塔的香味⋯⋯

鹹鹹香酥的派皮從模子裡脫出來時，金黃的顏色映入眼簾，奶油的香濃迎面撲鼻⋯⋯

未切開的Quiche，唯獨派皮的香味誘惑著我⋯⋯切開的Quiche，派皮的奶油味頓時加入蛋、火腿、香菇，還有乳酪的香味，更是誘人⋯⋯

當下，我知道自己再也無法討厭Quiche了，滑嫩的蛋，濃郁而不膩，配上香酥的派皮美味極了！

忍不住問：親愛的Mr.Lee，你什麼時候還想再吃Quiche呢？

# HAM AND MUSH

實驗成功 1
SUCCESSFUL EXPERIMENT

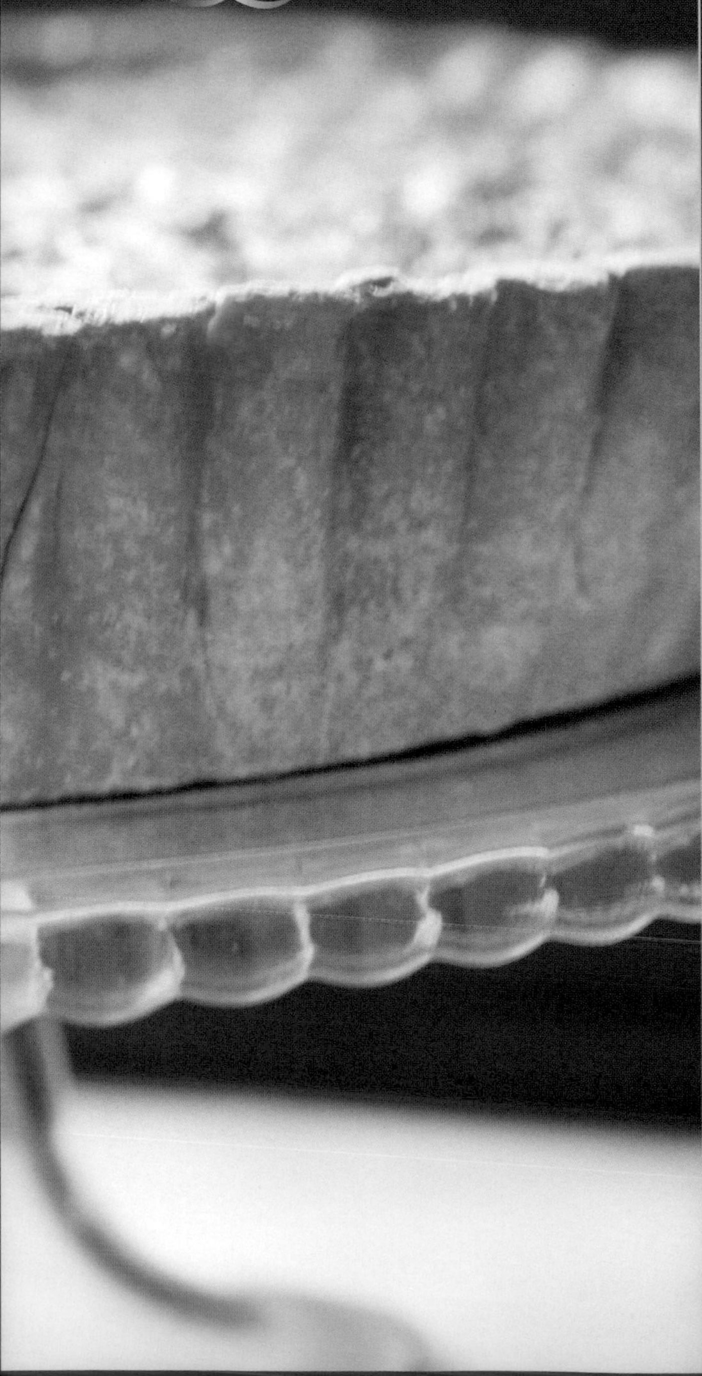

## STEPS【鹹塔皮做法】

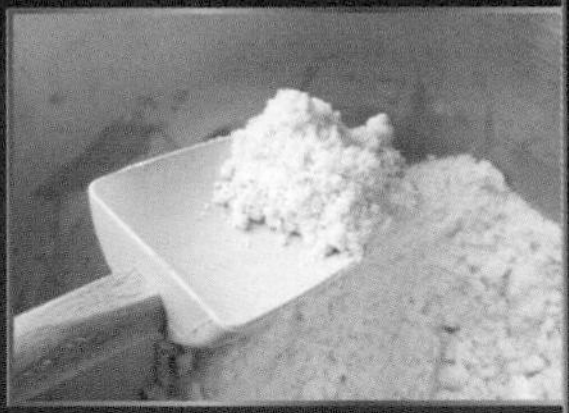

1 奶油顆粒：攪拌盆中混合（麵粉＋鹽），放入攪拌機中，加入奶油，用慢速打至麵粉和奶油呈非常細碎的顆粒，約半粒米大小的顆粒，看起來像炸東西時裏的麵包屑。

如果沒有機器：用叉子混入奶油， 把黏在一起的奶油用叉子攪散， 裹著麵粉的奶油會一塊一塊的，盡量用叉子將奶油壓碎，壓不碎的用手指捻碎，捻成上述細小顆粒。

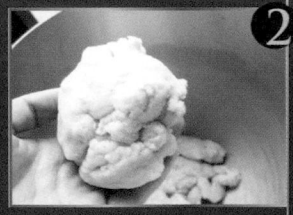

2 在奶油顆粒中冰水加入，攪拌至一個麵糰剛好形成，不要過度攪拌麵糰。用電動研磨機的話，會有些奶油顆粒沒有形成麵糰， 用手將鬆散的奶油顆粒擠壓進麵糰中即可。

如果沒有機器：加入冰水後，用叉子大略混合至所有的水被吸收，一個麵糰大致形成，倒出來，用手將剩下鬆散的奶油顆粒擠壓進麵糰中，當所有的奶油顆粒在手中形成一團不黏手的麵糰時停止揉捏。

VERANO SAYS：

水＋麵粉＋過度揉捏＝出筋＝嚼勁，這是自古不變的道理。要達到酥酥的口感，必須避免讓麵糰出筋。

**3** 麵糰擠壓成一大球，用手把它壓扁成一個餅狀（大小和厚度無所謂），用保鮮膜包住，再放到冰箱冷藏至少4個小時～1個晚上。

**4** 取出冰箱的麵糰，放在室溫讓它回溫到擀麵棍剛好可以擀得動的軟度，但是不要放置到麵糰太軟。如果能夠使用帆布最好，沒有的話鋪一層保鮮膜，麵糰用擀麵棍上下左右的，從中間往外推的方式，成0.3cm厚度，塔皮沒有擀成很完美的圓形沒關係，只要直徑比塔模大至少12cm就可以。

**5** 擀好塔皮後，將擀麵棍放在塔皮的一角，將塔皮輕輕滾捲起來（把塔皮裹在擀麵棍上），快速的把擀麵棍移到塔模上方，擀麵棍一滾，塔皮便很輕易地攤在塔模上了。

**VERANO SAYS：**
用擀麵棍移動塔皮的方式是最容易且最不會拉扯到塔皮的方式，另外，這種派皮很容易破，用這樣捲放的方式，麵皮就不易破了。

用完全不拉扯塔皮的方式調整塔皮，也就是用掀起再放下的方式讓塔皮緊貼在塔模內側，有些角落為了讓塔皮緊貼住模子，塔皮會有重疊的地方，還會有摺痕，這都沒關係，直接用手指把重疊的地方壓實即可，其他地方也將塔皮壓在塔模上，每個角落都要壓過，尤其是有花邊的模子，每個凹痕都要用手指緊緊壓上。

超出塔模的皮，可以：
1. 在離塔模1cm的地方割除。不沿著塔模割，我故意讓塔皮超出模子，多出1cm的皮等烤好再切除，這樣做出來的塔花邊最整齊最漂亮喔！
2. 用刀沿著塔模上方整齊地切除多餘的塔皮。

將裝有塔皮的塔模放入冰箱冰至少30分鐘，取出後放到烤盤上。塔皮上鋪一張烘焙紙，填滿至少一層厚的重石，烤箱預熱至190℃/375 ℉，塔皮放在烤箱中層烤至上色，約30分鐘，取出將中間的重石移開，塔皮留在塔模裡放涼。

**VERANO 的碎碎念**
切記這種塔皮在整型時絕對不能拉扯。

**6**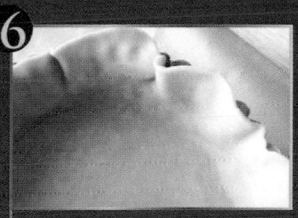

**NOTICE 注意**
皮要先和塔模完全密合才去壓它，如果塔皮和塔模中有空隙，還硬把塔皮壓上的話會拉扯到塔皮，雖然當時看不出異端，等進了烤箱烘烤後，塔皮拉扯過的地方會收縮，烤出來的塔皮會裂掉或是破掉。

**7**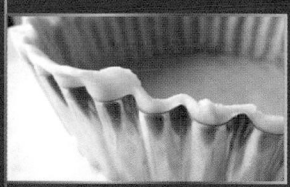

**8**

# HAM AND MUSH

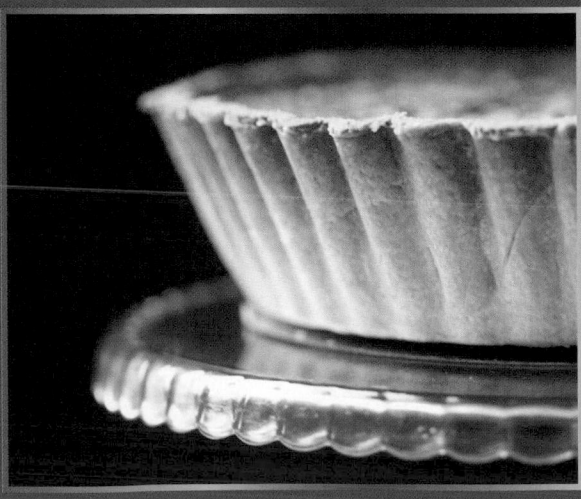

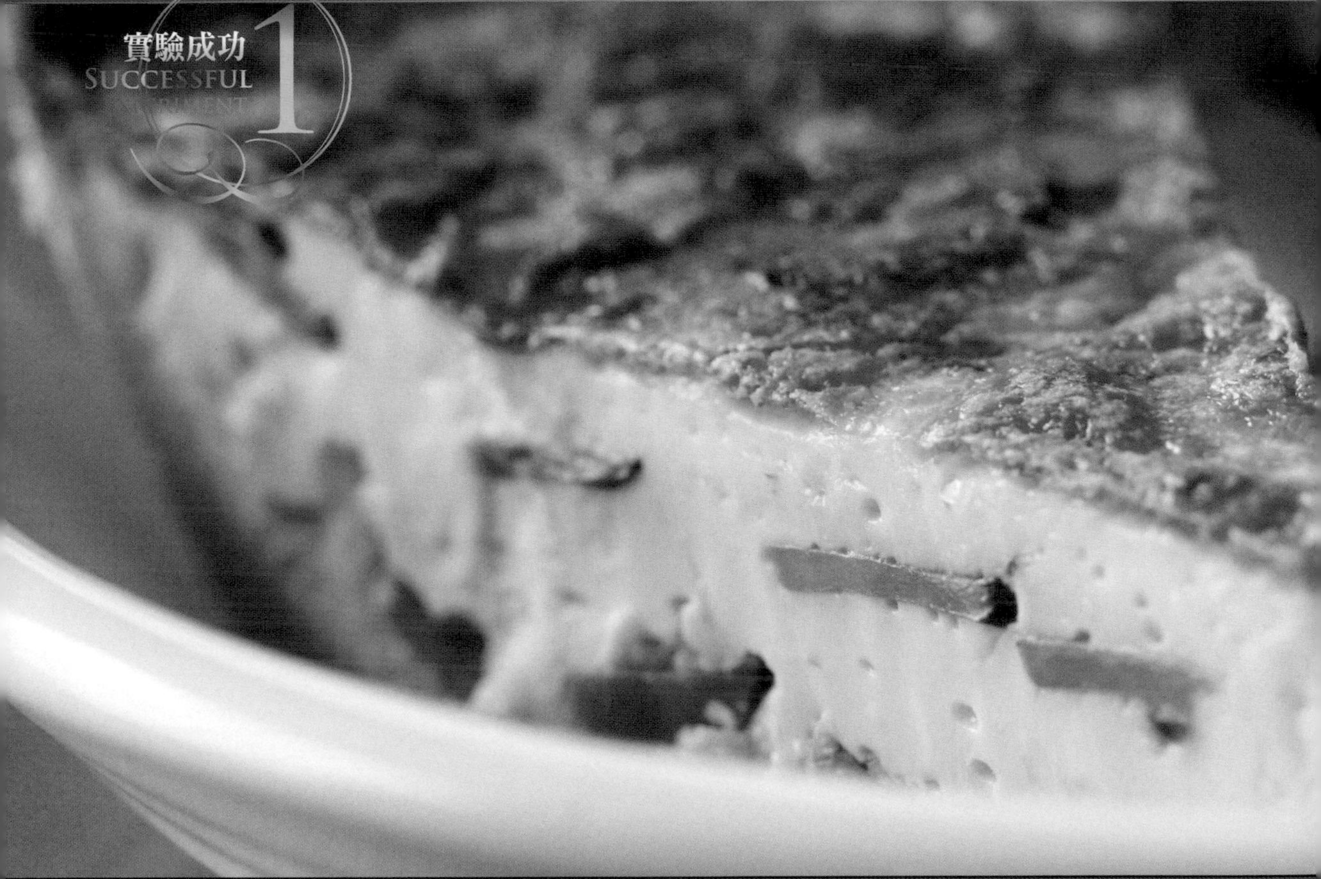

實驗成功1
SUCCESSFUL

## INGREDIENTS 【蛋餡材料】

橄欖油（Olive Oil）3大匙
鹽（Salt）1搓
香菇250g：清乾淨，切片
紅蔥頭（Shallot）3顆
火腿2片：切丁
百里香（Thyme）、巴西里（Parsley）各1搓：最好是新鮮的，若沒有，則各用1/8小匙乾燥的代替
全脂牛奶（Whole Milk）475ml
鮮奶油（Whipping Cream）475ml
蛋黃110g（Egg Yolk）：約6個，打散備用
鹽5g（Salt）
現磨白胡椒：研磨器轉10下
起司50g：最好是Guyere、Comté或Emmentaler等起司磨成絲或是細屑

## STEPS【做法】

**1**

炒料：中火熱一只煎鍋，倒入油，撒上鹽，油熱了放入香菇，炒至香菇中的水份被逼出，放入紅蔥頭，繼續炒至水份蒸發香菇上色。放入（火腿＋百里香＋巴西里），火腿炒香了熄火，將炒料倒到鋪有紙巾的盤子中吸油冷卻。

**2**

蛋汁：湯鍋中放（牛奶＋鮮奶油）加熱，煮到牛奶即將沸騰熄火。用「調溫」的方式（做法請見P.65）將熱牛奶加入蛋黃中。再加入（5g鹽＋白胡椒），放置5分鐘讓它稍冷。蛋汁用果汁機分兩次打成綿密狀，或是用電動食物調理機一次打製「綿密狀」（換句話說：蛋汁產生大大小小的泡沫）。

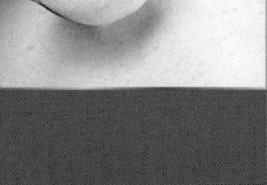

> **VERANO SAYS：**
>
> 蛋汁要稍微冷卻才能放入果汁機中打，因為滾燙的液體在打的時候會爆滿出來很危險。

**3**

烤箱預熱至 160℃/325℉。

**4**

放涼的塔皮連模子放置在烤盤中，塔皮裡均勻地撒上2/3的起司，先加入1/3的炒料＋1/3蛋汁。再加入1/3的炒料＋1/3蛋汁，將烤盤移到烤箱中層，把烤架拉出來一點，注入剩下的蛋汁至離塔皮上緣1cm滿的高度，蛋汁可能會剩一點，撒上剩下的（炒料＋起司）。

**5**

烤約1小時又15分鐘時開始測試，每隔15分鐘測試一次。測試方法：在輕搖烤盤時，蛋塔中的餡只有隱隱波動就是快烤好了，再多烤15分鐘應該差不多了。等到塔餡搖起來不會晃動，而是實心的感覺就是完全熟了。蛋塔放在涼架上冷卻。

**6**

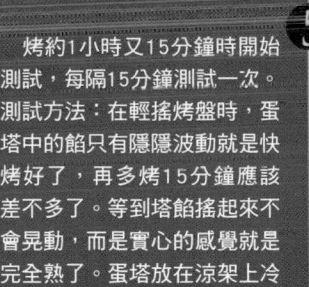

冷卻後，用鋒利的鋸齒刀沿著塔模邊緣將凸出來的塔皮「鋸」除。鋸好漂亮的邊即可脫模。蛋塔冷卻後可以放置冰

# 香草水果塔
## FRUIT TART
### 綿密版布丁

**香**酥的塔皮，盛著滿滿
香草和牛奶香的甜奶
油醬，根本是綿密版的布
丁，配上水果的清爽酸甜滋
味，就是我最愛集視覺、口
感、美味於一身的美食了！
　　完美的塔，是建立於最香酥
的塔皮之上。誰不喜歡吃這樣
的水果塔？若真有人不識貨，
我還求之不得，根本是在場其
他人的福音呀！

## AMOUNT【成品份量】

可以製作1個 直徑24cm，高2.5cm塔

## KITCHENWARE 【用具】

篩網（Sieve）
攪拌盆（Mixing Bowl）
打蛋器（Wire Whisk）
手提攪拌機（Handheld mixer）或直立式攪拌
機（Stand mixer）
橡皮刀（Spatula）
木頭攪拌匙（Wooden Spoon）
擀麵棍 （Rolling Pin）
烤盤（Jelly Roll Pan 或 Cookie Sheet）

烘焙紙（Parchment Paper）
帆布（Pastry Cloth）或矽膠墊（Silic
Mat）或 保鮮膜（Plastic Wrap）
直徑24cm，深2.5cm 的可脫底塔
（Removable Bottom Tart Mold）
陶製重石（Pie Weight）或豆子（Beans）
涼架（Cooling Rack）
鋸齒刀（Serrated Knife）

# INGREDIENTS 【甜塔皮材料】

可以製作3個塔皮，每一份可以填1個，直徑24cm，高2.5cm的塔模

**全蛋**（Whole Egg）100g.：約2顆
**白砂糖**（Granulated Sugar）150g.
**鹽**（Salt）2g.
**無鹽奶油**（Unsalted Butter）300g.：從冰箱取出，放在室溫回溫至剛好可以擠壓的軟度，但還不至於可以壓出整個手指印那麼軟
**純天然香草精**（Natural Vanilla Extract）1g.
**中筋麵粉**（All-Purpose Flour）500g.：過篩

# STEPS 【甜塔皮做法】

**1** 蛋汁：（蛋＋糖＋鹽）充分混合。

樣，此動作應用橡皮刀混合，不要用機器，並且在麵粉一消失時停止混合。

**2** 奶油蛋糕：（蛋汁＋奶油＋香草精）混合均勻。因為奶油不能和蛋汁融合，只要攪拌至奶油變得細小，約2mm的顆粒即可。

**4** 用手把麵糰擠壓成一大球，分成3等份麵糰。每份麵糰用手壓成餅狀，用保鮮膜包住。

**3** 麵糰：在奶油蛋糕中加入麵粉，混合至麵糰大致形成馬上停止。因為這裡的奶油是軟的，很容易跟麵粉結合失去顆粒的形狀，所以和做瑪芬時一

**5** 馬上要使用的塔皮放到冰箱冷藏至少4個小時（隔夜更好）。剩下的放冰箱冷凍，可以保鮮1個月，使用前取出放置於室溫回溫即可。

**VERANO SAYS：**

是啦是啦，我也知道我在這篇開頭剛剛強調過什麼「理論上要有酥的口感」、「奶油要冰」，但在此卻說奶油要放置室溫回溫！原因在於對沒有直立式攪拌機或電動研磨器的人來說，要將奶油用手指捏到很細小有些困難，尤其在夏天，手的溫度很快就把奶油粒融化了。所以這個甜塔皮我寫了不要用機器也可以輕易把奶油打得很細小的方式，就是使用回溫過的奶油（但只用於這個食譜），這樣連使用傳統鋼圈打蛋器也可以輕易地把奶油打得很細喔！

# INGREDIENTS 【香草水果塔材料】

**甜塔皮麵糰**（Sweet Tart Dough）1份
**甜奶油醬**（Crème Pâtisserie）1份（做法見P.74）
**新鮮莓子和喜歡的水果**
（any kind of Fresh Berries or Fresh Fruist）

# STEPS 【香草水果塔做法】

**1** 取出冰箱的麵糰，放在室溫讓它回溫到擀麵棍剛好可以擀得動的軟度，擀成0.3cm厚度、直徑比塔模大，至少6cm的圓塔皮。攤放在塔模上調整塔皮，讓塔皮緊貼在塔模內側，超出塔模的皮，用刀沿著塔模上方整齊地切除多餘的塔皮。（做法參考P.80舖塔皮）

**2** 放入冰箱冰至少30分鐘。

**3** 取出後，放到烤盤上。塔皮上鋪一張烘焙紙，填滿至少一層厚的重石，烤箱預熱185℃/365℉，放入烤箱中層烤約25分鐘至上色，取出，將中間的重石移開，塔皮放回烤箱烤幾分鐘至金黃色，馬上取出烤箱後放涼。
　塔皮完全放涼後，在塔皮中填入甜奶油醬，抹平後鋪上滿滿的水果即成。

**VERANO SAYS：**

填入甜奶油醬時，可以把甜奶油醬裝入擠花袋，用劃圓的方式從中心開始填到滿，這樣的餡量比較均勻。

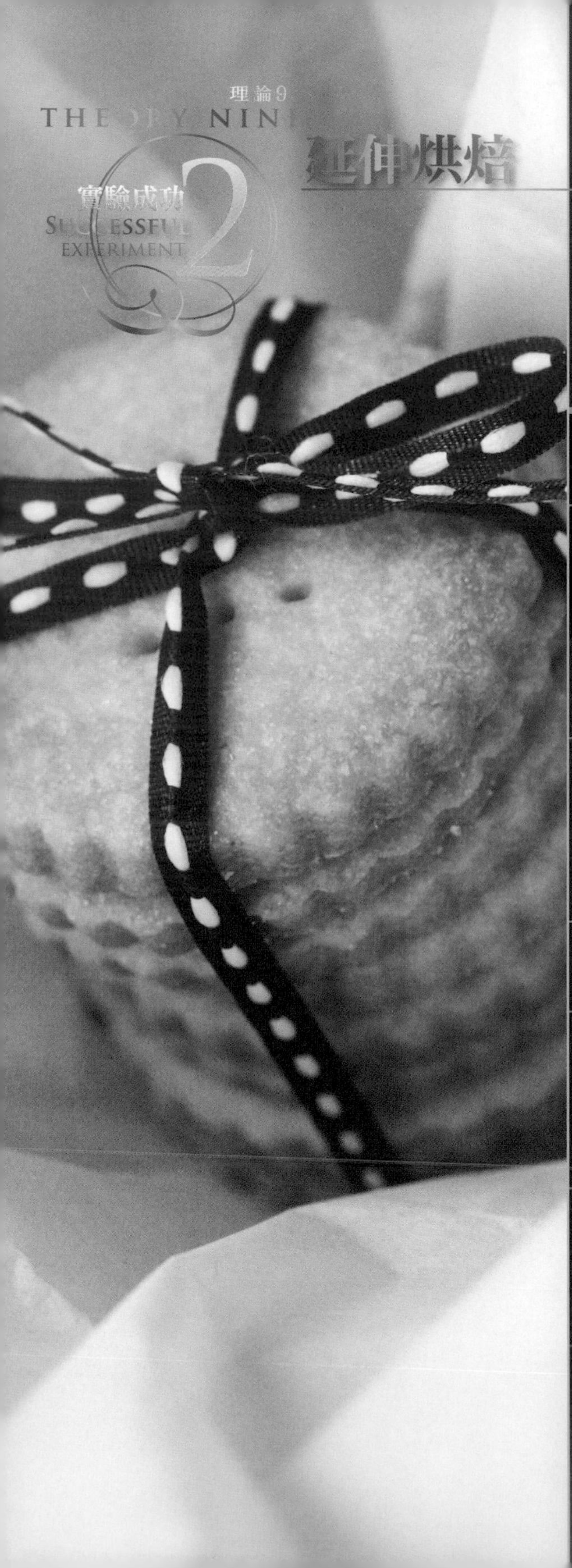
理論9
THEORY NINE
延伸烘焙
實驗成功
SUCCESSFUL EXPERIMENT
2

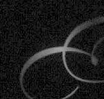

# 甜酥餅

## SUGAR BUTTER COOKIES

餅乾沙沙的酥，一口咬下餅乾屑散得到處都是，正是我心目中最完美的香酥餅乾呀！

餅乾可以切成不同的可愛形狀，送禮自吃兩相宜。我看著餅乾，覺得它們真是可愛！要不是我做了一堆，一定捨不得吃。

### AMOUNT【成品份量】

可以做70個直徑5cm的小圓餅乾，但數量依形狀而異。

### INGREDIENTS【材料】

**甜塔皮麵糰**（Sweet Tart Fough）1個（做法請見P.85）
**特細白紗糖少許**（Super Fine Sugar）

### STEPS【做法】

1

取一個甜塔皮麵糰，放在室溫讓它回溫到擀麵棍剛好可以擀得動的軟度。桌上鋪一層保鮮膜，麵糰放中間，上面再放一層同樣大小的保鮮膜，將麵隔著保鮮膜擀成0.5cm厚。這種麵糰因為奶油含量高很容易變軟，若麵糰非常的軟，將整塊麵糰連同保鮮膜放入冰箱冰10分鐘。

2

預熱烤箱至190℃/375℉。

3

選擇喜歡的空心壓模（Cookie Cutter），像是小花、小動物、愛心形狀等，切出餅乾圖樣，將餅乾放到鋪有烤盤紙的烤盤上。

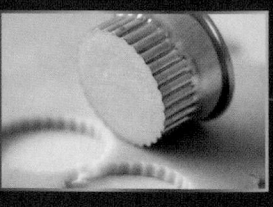

4

均勻地在餅乾上撒上白糖，再搓幾個小孔。

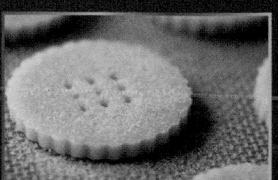

5

餅乾放入烤箱烤約25～30分鐘，當餅乾轉成淡黃色時，只要再多烤2～3分鐘就可取出，放到涼架上放涼。

**VERANO SAYS:**

這種餅乾在離開烤箱後，餅乾上殘留的溫度會繼續「烤」餅乾，所以不要直接烤到太深的金黃色。

延伸烘焙

# 芝麻酥餅
## SESAME BUTTER COOKIES

我超愛奶油的香味，把香酥塔皮作成餅乾是最直接享受奶油香的餅乾。咬一口，嗯⋯⋯奶油天堂！

## AMOUNT【成品份量】

可以做70個餅乾

## INGREDIENTS 【材料】

鹹塔皮麵糰（Savory Tart Dough）
（做法請見P.80）
白芝麻（White Sesame）3g.
黑芝麻（Black Sesame）2g.

## STEPS【做法】

**1**
塔皮麵糰做好，壓成餅狀，用保鮮膜包住，放在冰箱冷藏至少4個小時。

**2**
取出冰箱的麵糰，放在室溫讓它回溫到擀麵棍剛好可以擀得動的軟度。桌上鋪一層50cm長的保鮮膜，麵糰放中間，上面再放一層同樣大小的保鮮膜，將麵糰隔著保鮮膜擀成0.5cm厚的橢圓形。這種麵糰因為奶油含量高很容易變軟，這是若麵糰非常的軟，將整塊麵糰連同保鮮膜放入冰箱冰10分鐘。

**3**
移開上層保鮮膜，拿一把尺，把麵糰切成一個大大的長方形。

**4**
預熱烤箱至 190℃/375℉。

**5**
（白芝麻＋黑芝麻）混合，均勻地撒在麵糰上，將上層的保鮮膜蓋回去，隔著保鮮膜將芝麻輕輕壓入麵糰裡，用尺把麵糰切成3cm X 5cm小長方塊，或是喜歡的大小。

**6**
餅乾放入烤箱烤約25～30分鐘，當餅乾轉淡黃色時，只要再多烤2～3分鐘就是好了，取出放到涼架上放涼。

# 理論 THEORY 10

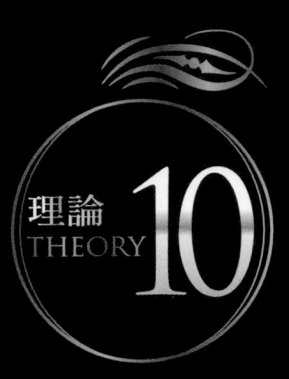

# 泡芙麵糰

## PĂTE À CHOUX

做泡芙的麵糰，法文Păte à Choux，原文的意思是「高麗菜麵糰」，因為泡芙一球一球的，很像高麗菜。

我很好奇泡芙不容易做的傳聞從何而來，因為這種麵糰最大的好處是很容易成功！只要有強壯的肌肉或是一台直立式攪拌機，從麵糰到香噴噴的泡芙出爐非常快速，若臨時有訪客要來，這是可以馬上做出來唬人的甜點呢！

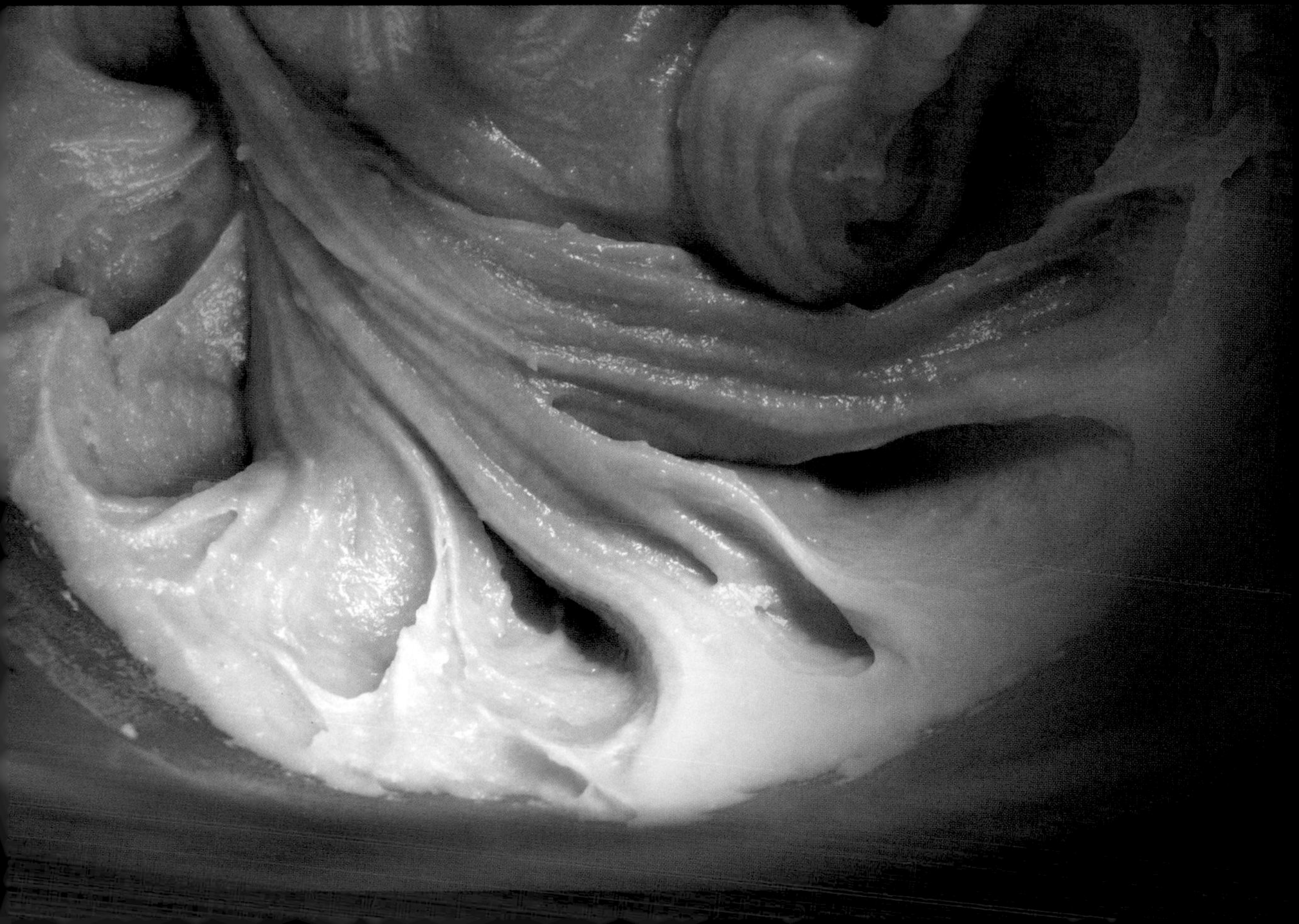

## 理論上…… 何謂成功的泡芙？

泡芙皮必須是很香酥的。

泡芙皮咬開來，裡面必須是「空心」的。換句話說：裡面不是只有幾個大大的洞而已喔，No，裡面必須是一整個大洞才對。

理論上，泡芙麵糰是將煮熟的麵糰攪拌至出筋，然後用高溫把麵糰中的液體蒸發，麵糰靠本身的蒸汽膨脹，然後烤箱的高溫再同時把出筋的麵糰烤乾變成固體架構，等這個階段達到後，烘烤的溫度則可以降低把麵糰徹底烘乾。這就是為什麼麵糰裡面是空心的，同時又擁有又鬆又酥口感的原因。

## 了解這個道理後，我們知道：

① 成功的製作泡芙麵糰，必須把麵糰攪拌至出筋，要麵糰「出筋」代表要不斷的攪拌！道理簡單，但是攪拌要勤快。為了拉長攪拌時間，我的理論是：不要在麵粉與煮滾的液體一形成麵糰時就離火，要繼續攪拌和加熱到麵糰會燙手的程度，離火後又再攪拌至稍微冷卻，這種麵糰要比其他麵糰攪拌得更多（很多食譜都說麵糰一形成便離火）。

> **VERANO SAYS:**
>
> 每次做瑪芬都會攪拌過頭的人，這種麵糰是你們的福音，因為做泡芙時，越多攪拌＝越完美的成品呢！

② 剛剛說麵糰要在「高溫」中將其中的液體蒸發，而且麵糰靠它本身揮發的蒸氣膨脹，所以在麵糰膨脹之前，是不可以開烤箱門的！開烤箱門，會使得烤箱溫度瞬間降溫，而影響蒸氣的形成和泡芙的膨脹。

③ 前面又說啦，要用高溫把出筋的麵糰烤乾變成固體架構，所以麵糰剛剛膨脹時，其固體架構剛剛形成還很軟，也是不可以開烤箱門，否則瞬間的降溫會讓泡芙架構倒塌，你就會心痛的看著泡芙扁掉。要開烤箱門，應等到泡芙完成膨脹至少5分鐘後（換句話說，麵糰已膨脹到極限，停止膨脹至少5分鐘了），並且開始染上金黃色，這才可以打開烤箱察看。

④ 最後，在泡芙膨起來後的數分鐘後應把溫度轉低，讓泡芙可以徹底烘乾。

泡芙的錯誤迷思

1 在泡芙上噴水：這完全沒有必要，也不合理。因為泡芙是靠蒸發自身麵糰裡的水份膨脹，在泡芙麵糰上噴水有點莫名其妙。

2 烤泡芙時，絕對不能開烤箱門：不完全正確。要看在什麼階段時開烤箱門，如上面所述，在泡芙結構夠強壯時，就可以開門觀察了。

實驗成功 1
SUCCESSFUL
EXPERIMENT

# 泡芙
## 隱藏的驚喜

---

AMOUNT【成品份量】　　KITCHENWARE【用具】

約40個直徑5cm大小的泡芙

厚質鍋子（Heavy Bottom Sauce Pan）

木頭攪拌匙（Wooden Spoon）

直立式攪拌機（Stand mixer）：如果有最
好，不然只好用木頭湯匙練肌肉了

橡皮刀（Spatula）

烤盤（Cookie Sheet 或 Jelly Roll Pan）

烘焙紙（Parchment Paper）或矽
（Silicone Mat）：鋪在烤盤上

擠花袋（Pastry Bag）+0.3cm開口的圓形

嘴（Plain Pastry Tip）：套到擠花袋上備

Mr.Lee不特別嗜吃甜食，卻很愛吃泡芙，但是實驗廚房離最後一次，也是第一次和唯一的一次，實驗泡芙已經有兩年了。原因無它，還不就是本煮飯婆不想做！

泡芙不難做，我也沒特別排斥，既然不是泡芙跟我有仇，那麼用鍋鏟想也知道這件事跟Mr.Lee有關。

話說那一次我做的泡芙及格了，泡芙膨得很大，裡面也有空心，但只因為懶～不知為什麼我當時就是懶得在泡芙底下挖洞灌奶油，想說反正重點就是要把奶油放進包芙裡，那麼把泡芙從中切開，將奶油擠上再蓋上上半截泡芙的結果，還不跟奶油包在裡面的一樣？很多店家都這麼做，我也看過，這麼做比較美，而每一口也都一樣吃得到香酥的泡芙和入口即化的奶油。

沒想到，NO～～不一樣喔，Mr.Lee說不一樣！這傢伙愛死了那堆泡芙，還很小氣地不願意我拿去送給鄰居，雖然後來鄰居是有吃到，但一個人只分配到兩個。好，不管鄰居，回到Mr.Lee吃泡芙，也一邊快樂的吃著，眼看他塞了滿嘴的奶油，一邊跟我說：「我說呀，這個泡芙的奶油餡不是應該在裡面嗎？怎麼這個是在外面？」（意指他奶油是用夾心的而不是包心的方式，還沒吃就看得到奶油餡）

找：「沒關係，都一樣啦，你不是每一口都吃到了嗎？」

數個小時候後……

Mr.Lee又要吃泡芙了，我又再去給他填新鮮的奶油餡，因為我的泡芙都是要吃的時候才填奶油，這樣口感才好，不然填了奶油的泡芙放久了會受潮，他看著我又把泡芙切開填，說：「咦？奶油怎麼在外面？是應該在外面嗎？」語畢，很快樂地吃泡芙。

第二天……

Mr.Lee又在吃泡芙，這回：「泡芙的奶油餡好像應該是包在裡面的喔！」

晚一點……

Mr.Lee：「這個泡芙的奶油餡要是包在裡面就好囉！」

第三天……

泡芙全吃完了（幾乎都是Mr.Lee吃的），我老妹沒吃到，問姊夫泡芙好不好吃？

Mr.Lee：「好吃呀，很好吃，可惜泡芙的奶油餡在外面不是在裡面，在裡面就好了！」

啊啊啊啊啊啊……怎麼會有人這樣煩！！

我當場宣佈：「很好，that's it！No more cream puff for you.（Verano生氣會自動轉講英文，意思是說：你再也吃不到泡芙了）」

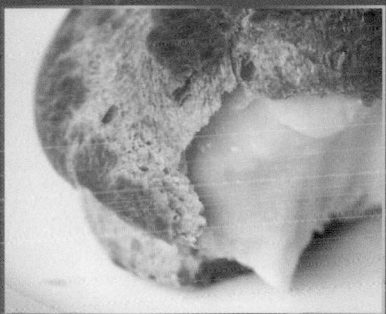

Mr.Lee還在那邊打哈哈，不知道事情嚴重性，老妹已經開始在旁邊笑了，老妹知道她老姊有多認真。果然，還是老妹了解我，Mr.Lee從此再也沒有吃到「奶油怎麼在外面的泡芙了」。

事隔兩年，要不是我寫這本書，我想Mr.Lee還是吃不到泡芙的，算他好運！

兩年後的今天，Mr.Lee終於吃到他堅持要把餡全部包在裡面的泡芙。他笑咪咪地吃著餡在裡面的泡芙，說他最愛這種一口咬下，酥皮咬破的那瞬間，綿密的甜餡溢入嘴裡的驚喜了！

入口前，真的完全看不出這是包有濃濃香草香的甜奶油醬的泡芙……，也許Mr.Lee是對的吧，嘗到美味的奶油餡同時，的確是個令人愉悅的驚喜。

## INGREDIENTS 【甜泡芙麵糰材料】

水（Water）110g.
牛奶 (Milk) 110g.：全脂牛奶(Whole Milk)或低脂牛奶(Low Fat or Skim Milk)皆可
無鹽奶油（Unsalted Butter）115g.
白砂糖（Granulated Sugar）5g.

鹽（Salt）1搓
高筋麵粉（Bread Flour）150g.
全蛋（Whole Egg）250g.：約5顆

# CREAM

## STEPS 【做法】

**❶** 奶油液體：在鍋中同時加入(水+牛奶+奶油+糖+鹽)，以中火加熱，加熱時以木匙攪拌液體至沸騰。攪拌可以幫助奶油融化、避免沸騰的液體溢出鍋子，並且讓奶油得以均勻地分布在液體中。

**❷** 麵糰：將麵粉一次全部倒入奶油液體，然後用木匙快速地以畫圓圈的方向混合，待麵粉全部與奶油液體結合後，可以放慢速度繼續用畫圓圈的方向攪拌，並把火候轉成中小火，一球鬆散的麵糰會慢慢形成，這時要繼續攪拌至麵糰摸上去會燙的程度，並且和鍋子接觸到的時候會發出滋滋聲才離火。

**❸** 麵糰離火後要繼續攪拌。有直立式攪拌機的人，將麵糰放入攪拌器中，以最慢的速度攪拌；只有木匙的人剛好可以練肌肉，請繼續使用木匙。麵糰要攪拌至「稍微冷卻」（換句話說：麵糰不再冒煙或燙手，熱氣明顯減少，卻仍舊溫熱；若用溫度計測量，此時溫度約為 60℃/140℉)，約3分鐘時間。

**❹** 麵糰稍冷後，一次打入一顆蛋，繼續攪拌。要等前一顆蛋「完全融入」麵糊後，才打入下一顆蛋（換句話說：蛋黃完全消失在麵糊裡，你不再看到不均勻的黃色）。 加入前3顆蛋時，麵糊會散開變成一小球一小球

的樣子是正常的現象，不要緊張，繼續攪拌和依同樣方式，依序加入剩下的蛋，蛋和蛋之間充分混合，等第3顆蛋完全混合時，麵糊會變成濃稠的一大團。

**蛋全部打入後，繼續攪拌約5分鐘，會有這兩種現象出現：**
1. 攪拌時，可以看到麵糰好像有出筋的現象，就好比你揉麵包的時候，麵糰會有條紋出現。
2. 舉起木匙時，麵糊會「像緞帶一樣地滑落」（換句話說：麵糊會不中斷地滑落）。

 **❺**

**❻** 預熱烤箱至 215℃/425℉。 將麵糊裝入擠花袋，擠成直徑3.5cm球狀。

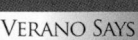

**❼** 麵糰放入烤箱中層，以215℃/425℉烤至麵糰膨脹，膨脹後要繼續烤至麵糰染上淡黃色，約20～22分鐘。這時把烤箱的溫度降到180℃/360℉，每烤5分鐘觀察麵糰顏色，當麵糰整體呈金黃色時即可打開烤箱門觀察。試吃一個金黃色的「泡芙殼」，泡芙殼要徹底烘乾才行，如果沒有，應把烤箱溫度再度降低至160℃/325℉，多烤幾分鐘。因為所需時間與烤箱大小有關，所以要自己觀察，但是無須擔心會烘乾過頭，只要留意泡芙殼有沒有烤焦， 多烘乾幾分鐘無礙。

> **VERANO SAYS:**
>
> 做得正確的泡芙麵糊，擠出來的麵糊是有光澤、會反光，並且可以擠出高高的、不會癱垮的圓球。

# PUFFS

## INGREDIENTS 【泡芙材料】

甜泡芙麵糰（Pâte à Choux）烤成泡芙殼
甜奶油醬(Créme Pâtisserie)1份（約可做30個泡芙的分量，做法請參見P.74）：甜奶油醬裝到擠花袋裡，使用直徑0.3cm開口的圓形擠花嘴

## STEPS 【泡芙做法】

食用前，在泡芙殼底部用竹籤戳一個小洞，將甜奶油醬填入泡芙殼裡。？當然，只要你家沒有個堅持一定要吃到「奶油在中間的泡芙」的Mr.Lee，你也可以將泡芙殼從中間割開，使用開口大一些的擠花嘴把甜奶油醬填滿泡芙殼，讓人一眼即可看到華麗美味的甜奶油醬喔！

## 豪華加料
# 冰淇淋泡芙
## PROFITEROLES

在法國，小吃店或簡餐店(Bistro)的菜單上幾乎一定都會Profiteroles這道甜點。所謂的Profiteroles就是在夾有冰淇淋的泡芙上淋滿巧克力醬的甜點。泡芙＋冰淇淋＋巧克力醬！從字面上看便知道會是集冰涼、香酥、濃密於一身的美味。

## INGREDIENTS 【材料】

甜泡芙麵糰（Pâte à Choux）1份：烤好
玫瑰或馬斯卡邦冰淇淋(Rose or Mascarpone Ice Cream) 1份（做法請見P.72&68）：如果懶得自己做冰淇淋的話，可以用現成的
苦味巧克力醬(Dark Chocolate Sauce) 1份（做法請見P.70）

## STEPS 【做法】

將泡芙殼從中切開，填入一球冰淇淋，淋上苦味巧克力醬即可。

# GOURGERE

實驗成功
SUCCESSFUL
EXPERIMENT 2

## 鹹酥乳酪球
### 口水開始分泌

**我**所謂的鹹酥乳酪球，法文是Gourgere，是一種比泡芙小的小球，加了乳酪去烤的泡芙麵糰，約一兩口一顆，是很受歡迎的點心。光是泡芙香酥的口感已夠吸引人了，再想像一下乳酪香！夠好吃了吧？

每次只要聽到Gourgere，口水就克制不住地開始分泌……，哇～光是寫到此，我肚子就超餓的。

還沒送入烤箱的乳酪麵糰，小小的乳黃色蜂窩狀，還泛著柔和的光芒，好可愛喲～我在廚房裡實驗時，就是迷戀這樣的片刻。

趁著烤箱在預熱，我帶著滿意的心情，小小陶醉在我的可愛麵糰，暫時離開烤盤跑去房子的另一個角落弄一下東西……。

回到烤盤時，Oh my god！是誰偷走了我一球麵糰？

臭貓～～～～
每隻都看起來好無辜，
猜不出哪個是兇手！

熱呼呼剛出爐的乳酪球，溫熱鹹酥，帶著乳酪香配杯美酒，至高享受啊！

Turbo：「下酒點心是吧？我也要吃～～好想吃喔！」

AMOUNT 【成品份量】

可以製作 85個

KITCHENWARE 【用具】

同P.90泡芙用具，唯擠花嘴要使用1om開口的。

INGREDIENTS 【材料】

水（Water） 110g.
全脂牛奶（Whole Milk） 110g.
無鹽奶油（Unsalted Butter） 115g.
白砂糖（Granulated Sugar） 1撮
鹽（Salt） 2g.
高筋麵粉（Bread Flour） 150g.
全蛋（Whole Egg） 250g.：約5顆
起司（Guyere 或 Parmesan） 130g.：削成細
絲或是細小碎屑狀
白胡椒（White Pepper） 少許

STEPS 【做法】

6　1～5同泡芙做法，見P.92。
預熱烤箱至 215℃/425℉。將
麵糊裝入擠花袋，擠成直徑約
2.5cm的球狀。 如果喜歡的話，
在麵糰擠好後，再撒一點起司
屑和白胡椒。

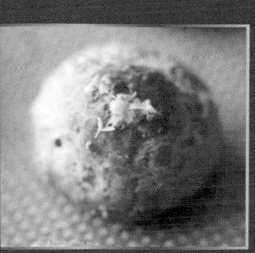

7　麵糰放入烤箱中層，以215℃
/425℉烤至麵糰膨脹，膨脹後
繼續烤至麵糰染上淡黃色，約
16～18分鐘。這時把烤箱的溫
度降到180℃/360℉，並密切
注意觀察麵糰顏色，因為麵糰
加有乳酪，體積又較一般泡芙
殼小巧， 很容易烤焦，所以若
看到顏色很快地轉為金黃，應
把烤箱溫度再度降低至160℃
/235℉完成烘烤。顏色呈金黃
時可以開烤箱門取一個試吃，
口感應該是外酥、中心略微濕
潤(有融化乳酪的緣故)才好，但
若有生麵糰的味道，則需要多
烤幾分鐘。

豪華加料

# 燻鮭魚乳酪球

## SMOKE SALMON GOURGERES

### INGREDIENTS 【材料】

鹹酥乳酪球（Gourgere） 1份（可以製作 85個）
燻鮭魚抹醬（Smoke Salmon Spread） 1份，約 400ml，
如果泡芙直徑約5cm，可以做25～30個泡芙。（做法請見
P.110）

### STEPS 【做法】

把乳酪球從中切開，填入燻鮭魚抹醬。

> VERANO 的碎碎念
>
> 鹹酥乳酪球單吃已夠美味了，如果裡面再包點鮭魚
> 抹醬，做成燻鮭魚醬乳酪泡芙……，我就讓讀者去
> 想像吧，如果夠想吃，食譜我已經附上了。

理論
THEORY
11

# 沙拉醬
## DRESSING

沙拉嘛,不就把一堆蔬菜,冷的熱的,或許配上點肉什麼的,混在一起,淋上醬汁嗎?
話是這麼說沒錯,所以我也沒什麼好講的,但又覺得「理論廚師」的頭銜也不是隨便白
叫的,就算沒什麼好講的,也有義務要發揮瞎掰的功力掰幾句。

## TIPS【成功做沙拉的零失敗祕訣】

菜要洗乾淨。(廢話!可是很重要)

菜要瀝乾,菜葉最好能放到兩條乾淨的毛巾或是兩張紙巾中間把水份吸乾。(這是理論上啦,我做不到用紙巾吸乾的部份,但是瀝乾水份很重要,否則多餘的水份會把沙拉醬稀釋掉)

菜與沙拉醬的比例:(60g.沙拉的菜配約30ml沙拉醬)。也不用太精準的去量,重點是沙拉要剛剛好沾到一點醬,不要放太多,不然沙拉會變得好像在醬裡游泳。

菜葉與醬要在一個大的混合盆裡混合,這樣才有空間翻動所有的菜葉:每個葉片才能均勻的沾到醬汁。

用筷子或是夾了輕夾菜葉的方式與醬汁混合,這樣菜葉才不會受傷。

混合好才夾到要盛裝的沙拉盤裡,這樣的沙拉才會堆得高高鬆鬆的,比較美觀。

沙拉淋上醬後要馬上吃,否則沙拉遇到有鹹度的醬會逐漸釋出水份,菜葉變得軟趴趴的,醬變稀,味道會變淡,變得難吃。

實驗成功 1
SUCCESSFUL EXPERIMENT

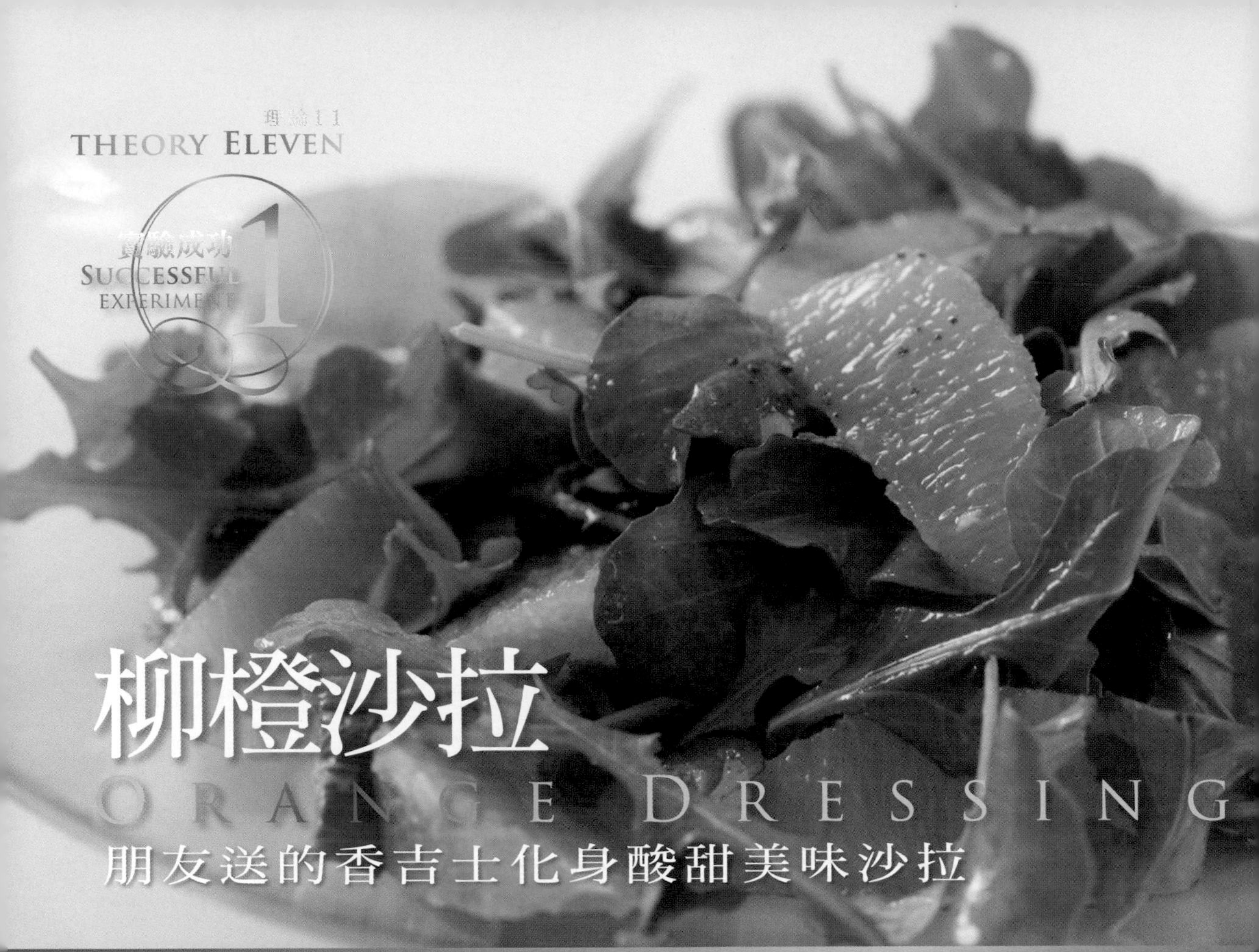

# 柳橙沙拉

## ORANGE DRESSING

### 朋友送的香吉士化身酸甜美味沙拉

## AMOUNT【成品份量】

2人份

## INGREDIENTS【柳橙醬汁材料】

**柳橙汁**（Orange Juice）2大匙：從剝果肉剩下的纖維中擠出汁
**白酒醋**（White Wine Vinegar）2大匙
**鹽**（Salt）2搓
**巴西里**（Parsley）1大匙：使用新鮮、切的；如果一定要用乾燥的，則使用1/4小匙
**大蒜**（Garlic）1粒：拍扁，切碎至泥狀
**橄欖油**（Olive Oil）5大匙

## STEPS【柳橙醬汁做法】

1. 用打蛋器混合（柳橙汁＋白酒醋＋鹽＋巴西里＋大蒜），然後一邊混合，一邊一點點、一點點的淋入橄欖油，至完全混合、油醋相融的境界。
2. 試鹹味，不夠再加鹽調味。

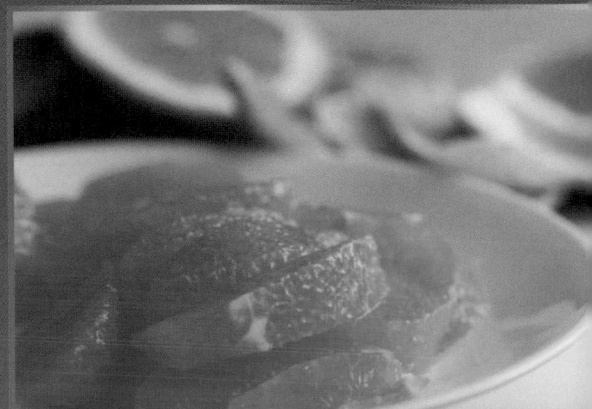

朋友來家中作客，送了一整箱的香吉士。第一天，我瞪著它們瞧，剝一顆來吃，好甜喔！將它們從箱子中倒出堆起來，廚房黑色花崗石的中島頓時轉成一片艷橘色。

第二天，我又瞪著它們瞧，想了想，深深地吸了幾口氣，內心交戰著是否要做我一直垂涎，卻因為懶得動手挑出果肉而從未嘗試的柳橙沙拉。

第三天，我繼續瞪著它們瞧，想吃，又懶得挑果肉，猶豫不決。算了，外出買菜去。到了超市看到我最愛的芝麻菜（＊Arugula），想到芝麻菜帶堅果香的甘苦味，要是配上家中一桌子的甜柳橙一定美味極了，這才忍不住買了一盒芝麻葉，回家做柳橙沙拉去。

柳橙和芝麻葉是非常經典的搭配，因為芝麻葉的特殊甘辣味與柳橙的酸甜和柑橘的香氣呈明顯對比，這對比奇妙的讓它們互相凸顯彼此的羙好，柳橙的酸味恰到好處的襯托出芝麻葉的堅果味，芝麻葉的甘苦又很巧妙的帶出柳橙的甜，是很美妙的組合。再配上一點帶有淡淡蒜味的油醋醬汁，沙拉在舌尖上要翩翩起舞了。

我這懶人，每次光是想到要將柳橙的果肉一片一片地挑出，就會掙扎一番，然後刻意避開任何要用到柳橙果肉的料理，好在這次我的貪吃戰勝了惰性，並從中發現挑果肉其實並不是困難的事情，而且吃到美味沙拉絕對抵得住挑果肉的麻煩。

＊Arugula，又稱Rucket，法文Roquette，義大利文Rucola，Rughetta，是一種帶有甘苦味的菜葉，它的嫩葉有堅果味，並且甘中帶點近似黑胡椒的辣味，用它做成沙拉非常好吃，是一種吃了會上癮的特殊蔬菜。

## INGREDIENTS　【柳橙沙拉材料】

柳橙（Orange）2顆
芝麻葉（Arugula）1把：洗淨瀝乾
柳橙沙拉醬（Orange Dressing）適量
現磨黑胡椒（freshly ground Black Pepper）少許

## STEPS【柳橙沙拉做法】

**1** 橙肉：將柳橙頭尾切除，讓柳橙站立在切菜板上後，再切果皮。刀子沿著纖維的方向入果肉，將果肉取出。

**2** 芝麻葉洗淨，瀝乾水份。在一個大盆中加入（柳橙肉＋芝麻葉），佐上一點醬汁，輕輕地攪拌均勻，將沙拉夾到盤中。可以撒上點現磨黑胡椒。

> **VERANO SAYS：**
> 菜片以沾到一點點醬汁最佳，醬汁不應多到會在盤中積水才好。

理論11 THEORY ELEVEN

實驗成功 SUCCESSFUL EXPERIMENT 2

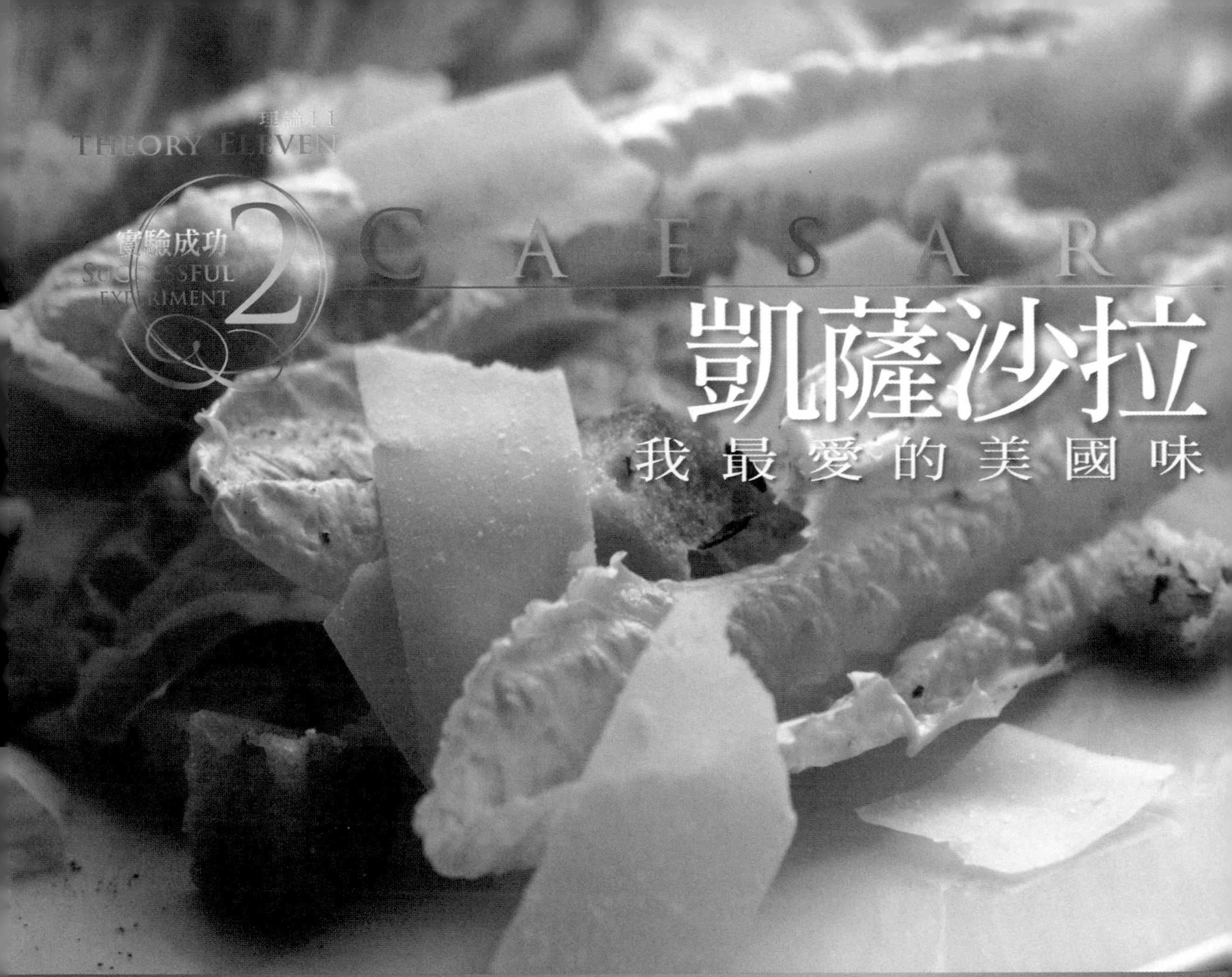

# CAESAR 凱薩沙拉
## 我最愛的美國味

### AMOUNT【成品份量】

可以製作約250ml

### INGREDIENTS【凱薩沙拉醬材料】

**罐頭鯷魚**（Anchovy）1/2小匙：鯷魚是一條一條的，把魚碾碎，目測1/2小匙的量。鯷魚盡量使用橄欖油醃漬的，品質較好

**大蒜**（Garlic）2粒：剁成泥。喜歡蒜味的人可增加至3粒

**鹽**（Salt）約1/2小匙

**現磨黑胡椒**（freshly ground Black Pepper）：研磨器約轉5圈

**蛋黃**（Egg Yolk）2個：放置在室溫30分回溫。注意，要是蛋黃的溫度太低，沙拉很容易失敗

**檸檬汁**（Lemon Juice）60ml：約2顆

**橄欖油**（Olive Oil）200ml

### STEPS【凱薩沙拉醬做法】

❶ 鯷魚泥：（鯷魚＋大蒜泥＋黑胡椒＋鹽）用研缽磨成泥狀。沒有研缽的話，先用刀切細碎，再用刀背或是湯匙碾成泥。

❷ 蛋黃液：大碗中放入（鯷魚泥＋蛋黃＋檸檬汁），用打蛋器充分混合。這個動作也可以用電動食物調理機攪拌均勻。

❸ 一邊用打蛋器（或食物調理機的最慢速）打蛋黃液，一邊慢慢地、一點點地倒入橄欖油，打至蛋黃液呈乳霜狀。全部橄欖油都加完的沙拉醬比較濃稠，如果要稀一點的醬，在乳霜狀形成時，看濃稠的程度，依喜好決定要不要再加橄欖油。試鹹味（鯷魚的鹹味不盡相同），不夠再加鹽調味，攪拌均勻。沙拉醬可以在冰箱冷藏一個星期。

凱薩沙拉是美國最受歡迎的沙拉之一，連我這種不太認同美國人口味的人都覺得凱薩沙拉很好吃。對於好吃的東西，我總是很好奇它怎麼做的，研究半天終於做出一個美味又無需使用人工調味料的沙拉醬了，而且一次做可以做好一小罐冰起來，滿足任何時候想吃凱薩沙拉的渴望。

到蛋殼外面，還有做好的沙拉醬馬上冰起來，我覺得自製沙拉醬再怎麼說也比外面賣的，加了一堆人工調味料和防腐劑的沙拉醬還健康。

炎炎夏日熱到沒有食慾時，來一盤冰冰脆脆的蘿曼沙拉葉，配上一點凱薩沙拉醬特有的清淡蒜味、起司香和麵包丁的酥脆，再焦躁的心情都會好起來！

有些人聽到使用牛蛋製作的沙拉醬會很害怕，其實如果不是身體虛弱的人或是幼兒，吃生蛋黃是很安全的。只要在分離蛋黃的時候注意蛋黃不要碰

蘿曼沙拉葉的嫩葉（Romaine Lettuce）100g.
凱薩沙拉醬（Caesar Salad）2大匙
煮熟雞胸肉（Chicken breast）少許：可省略
香脆麵包丁（Crouton）少許（做法請見P.108）
帕瑪森起司（Parmesan Cheese）少許：削片或是磨細絲都可以
現磨黑胡椒（freshly ground Black Pepper）少許
檸檬汁（Lemon Juice）少許

## STEPS 【凱薩沙拉做法】

**VERANO SAYS :**

使用電動研磨機的話，我這個食譜的量是可以成功使用機器攪拌的，但如果製作半份沙拉醬的話，機器則無法攪拌均勻。

**1**
蘿蔓沙拉葉洗淨瀝乾，大略切段（可不切），與煮熟雞肉一起放到一只大攪拌盆中，淋上凱薩沙拉醬混合均勻，沙拉葉片上應均勻沾到一點沙拉醬，但點到為止，不要加太多。

**2**
沙拉裝盤，撒上香脆麵包丁、現磨黑胡椒及帕瑪森起司，另外可以再淋些檸檬汁提味。

實驗成功
SUCCESSFUL
EXPERIMENT
3

# 生蠔佐柑橘
# 香辣醬

OYSTER WITH SPICY SAUCE

關於愛上生蠔這件事

從前我很怕生食魚肉或海鮮，總羨慕能夠大快朵頤生猛海味的人，因為我認為美食家一定要懂得欣賞生食。生食是在享受食物最自然最甜美的境界——我深深的這麼相信著。儘管心裡這麼想，但活在世上的前25年，我卻不敢生食任何魚類或是肉類，半生不熟的可以接受，全生的我不敢吃，對生食的怯弱，讓一直想成為美食家的我感到很可恥……

直到有一天我和Mr.Lee上日本餐廳吃飯，我又像往常一樣看著Mr.Lee大口嚼著生魚片，臉上掛著極為幸福和滿足的表情，然後他點的生蠔送上來了，我瞪著生蠔瞧，深深的為我不敢吃生蠔感到遺憾，畢竟像這樣一盤生蠔可以帶給多少識貨的人喜悅呢？

對某種食物的害怕，說破了只是心裡障礙而已。在那一刻，我真的很希望我敢吃生蠔；突然間不知從哪冒出的勇氣，我竟然拿起了生平的第一隻生蠔來吃。上面撒了蔥花，淋上以檸檬汁、醬油、薑汁及味霖調製成的醬，一點都不腥，醬汁中有生蠔的甜味，口感是滑滑的冰涼，說真的，跟我假想中的噁心感覺完全不同，讓我當場愛上這樣吃生蠔，往後和Mr.Lee上那間日本料理店，我都要他多點兩隻生蠔給我。

## AMOUNT【成品份量】

可以供12～15隻生蠔

## INGREDIENTS【醬汁材料】

柚子醬油（Ponzu Soy Sauce）2大匙：可以用淡味醬油加上幾滴柚子汁取代。
味霖（Mirin）1大匙
薑末與薑汁（grated Ginger & Juice）1大匙
檸檬汁（Lemon Juice）1/4顆
韓國辣椒膏（Korean Chili Paste/Gochujang）1小匙
蔥花（Green Onion）少許

## STEPS【做法】

生蠔（Oyster）：因為美味與安全的因素，一定要吃現開的生蠔。生蠔開法如下：

**1** 手掌上蓋一條厚毛巾，生蠔放掌心。

**2** 生蠔有圓弧狀的邊和比較尖的部位，尖角是黏著的部位，把專門開生蠔的刀插入尖角的側面，刀沿著開口向尖的角割去。

**3** 割開尖角後，刀子繼續沿著生蠔割一圈殼就開了。

**4** 打開生蠔後，把刀子插入肉與殼之間，左右的割，把肉鬆離殼。

**2** 生蠔可以留在殼裡，或是裝到湯匙裡。將醬汁材料全部混合，淋在生蠔上即可食用。

# 當麵包變成零嘴

# HORS d'OEUVRES

在我的世界裡，人從出生便分愛極了麵包的和極度討厭麵包的，這種喜好或憎惡幾乎是基因的一部份……

言下之意是說，我真的好討厭吃麵包，不要再逼我了啦！！！再逼我也不會愛吃。嗚～～？

話雖是這麼說沒錯，但本著我立志要當美食家的志願，我從不縱容自己挑食，所以雖然我不愛吃麵包，但是我還是會努力地去「欣賞」，或是把它們拿來加一堆豪華料理，這樣，再土的麵包都可以變成令人驚艷的美味！

理論12
THEORY TWELVE

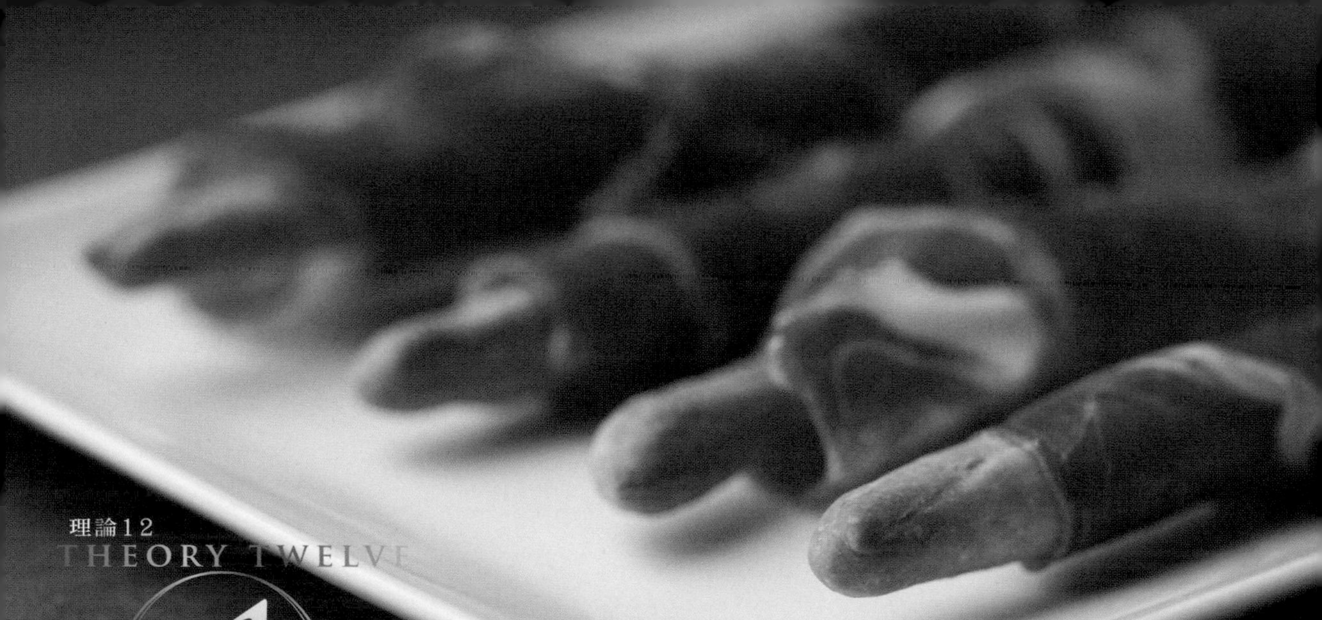

實驗成功 1
SUCCESSFUL EXPERIMENT

# HAM WRAPPED BREADSTICKS
# 火腿麵包棒開胃菜
## 是開胃菜也是零食

**AMOUNT【成品份量】**

可以製作 60～80根

**KITCHENWARE【用具】**

叉子(Fork)
混合盆（Mixing Bowl）
擀麵棍（Rolling Pin）
刀子（Knife）
烤盤（Roasting Pan）

## HOW TO COOK【做法】

**1**

發泡酵母：將乾燥酵母放進一只小碗裡，倒入（溫水＋糖），用叉子攪拌幾下混合，靜置10～15分鐘，到酵母發泡就可以了。

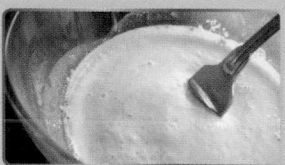

**VERANO SAY**

酵母發泡到像拿鐵（Latte）上面的細緻泡沫才能使用。

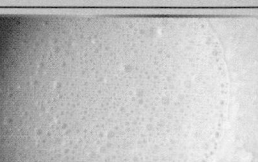

**3**

麵皮：將麵糰放到桌上，用擀麵棍擀成0.5cm薄的麵皮，用刀子切成1cm寬的長條，然後用手稍微揉成圓柱形。揉好的長條要放置15分鐘才烤。

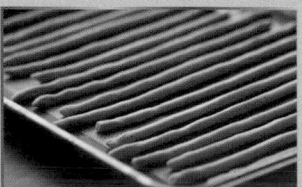

**4**

烤箱預熱到 190℃/375℉，烤至金黃色，取出放涼 。

**VERANO SAYS**

以我的食譜為底，可以再做變化，像是加入迷迭香、現磨黑胡椒、芝麻、粗鹽等，變化很多，可以當零食吃，算是健康的零食呢！

在西雅圖當地只買得到 Jamón Serrano，雖然沒有 Jamón Ibérico那麼頂級，但已是非常好的火腿了。這種整隻腿醃鹽風乾的火腿非常的香，切得跟紙一樣薄的火腿，更容易在接觸到體溫時散發出它的香味，搭配酥脆的麵包棒比麵包更能凸顯它的美味。就連平時對食物不如對跟我撒嬌來得有興趣的Mitzi都沒形象的討食了。

好香，這是什麼？？

想吃……
想吃……

嗚～為什麼都不給我……

好啦好啦，借妳聞香。

# INGREDIENTS 【材料】

乾燥酵母（Instant Dried Yeast）7g.

水（Lukewarm water）100ml：摸上去溫溫的，完全不燙

砂糖（Granulated Sugar）1搓

高筋麵粉（Bread Flour）455g.

無鹽奶油（Unsalted Butter）112g. 融化，再冷卻至室溫

全脂牛奶（Whole Milk）200ml：從冰箱取出，讓它回溫15分鐘。

鹽（Salt）6g.

火腿（Ham）少許：使用你能力能購買到的最高級火腿，像是義大利的帕瑪火腿（Prosciutto di Parma），西班牙的伊比利火腿（Jamón Serrano or Jamón Ibérico）

麵包棒（Breadstick/Grissini）一些

麵糰：將（發泡酵母＋麵粉＋奶油＋牛奶＋鹽）放入混合盆中混合，用叉子混合到麵糰大略形成，要是這時麵糰還很濕的話，可以再加一點點麵粉，把麵糰拿到桌上揉到稍微有點彈性，然後揉成一球形，放回混合盆裡，用保鮮膜沿著麵糰將表面貼蓋住。把麵糰放到溫暖的地方醒（Ferment）1～2小時，到麵糰體積增為原來的2倍。

將火腿薄片滾裹在麵包棒上即可。

## VERANO SAYS

若是煮西班牙海鮮飯，我就用西班牙的名火腿搭配做開胃菜，若是煮義大利燉飯，則用義大利火腿，真是好用的麵包棒呀！

# 香脆麵包丁

迷死人的香味和脆酥

**C**routon 是烤脆的麵包丁，一般撒在湯上或是凱薩沙拉上。 說到香脆麵包丁，我曾經最痛恨它。是這樣的，我十幾歲時曾經在一間法國麵包店打工，那間麵包店除了販賣麵包外，還賣義式咖啡和簡餐，它的簡餐包括濃湯和沙拉，所以每天要用到很多很多的香脆麵包丁。還記得只要有賣剩的法國拐杖麵包（Baguette），店裡又不忙的時候，經理就會看要抓哪個倒楣的工讀生去切麵包丁。喔，我恨死那個工作了！那時候得用店裡鈍到不行的刀子去切隔夜、甚至有時候已經放上兩天，硬得不像話的拐杖麵包，

對我來說這是件苦差事。因為不論我怎麼切，眼看麵包丁已堆成小山，回頭總是還有沒切完的老麵包在等著，這時「怎麼也切不完」的無奈感便會衝上心頭，哎！

那些切好的麵包丁，店裡掌廚的會把它們裝到一個巨大的塑膠袋裡，然後轉身用橄欖油爆香香料去。這時整個店裡都彌漫著各式香料迷死人的香氣，比店裡的每一道簡餐都香，我第一次聞到還以為是什麼了不起的料理呢，一副很饞嘴的樣子抓著同事問：他們在煮什麼？後來才知道是在爆香香料做香脆麵包丁。喔，難怪店裡的香脆麵包丁如此香，比

其他地方只有鹹和乾硬的麵包丁好吃多了。

事隔多年，我現在會把家中每次吃剩的拐杖麵包切成丁，與以前不同的是，現在用的日製名刀好用多了，加上家裡的麵包不怕切不完，通常就一條拐杖麵包吃剩而已，不用怕轉身會看到更多的老麵包。

不愛下廚的人們，製作時有迷死人不償命香氣的香脆麵包丁可是讓你跟鄰居「假裝」你很會做菜的好機會喔！撒在湯裡或是沙拉裡都很脆、很香、很好吃，雖然它是個不起眼的小配角，但保證令人印象深刻。

## Ingredients 【材料】

麵包丁（Bread, cut into cubes）125g.：幾乎任何歐式麵包都可
以切成1cm麵包丁
橄欖油（Olive Oil）50ml
鹽（Salt）1/8小匙
大蒜（Garlic）2粒：拍扁切碎
新鮮巴西里（Italian Parsley）1小把：切碎，或使用乾燥巴西里
1大匙及乾燥百里香（Thyme）1/4小匙

## Steps 【做法】

**1** 麵包丁裝入一只塑膠袋中備用。

**2** 鍋中放入（橄欖油＋鹽），加熱到油有波紋後熄火。在熱油中放入（大蒜＋1/2的新鮮巴西里）爆香。

**3** 數分鐘後將油過濾，加入剩下的巴西里。油放置冷卻。

**4** 將冷卻的油淋在塑膠袋裡的麵包丁上，封住塑膠袋口，開始搖晃塑膠袋幫助麵包丁均勻吸油。油都被麵包吸收後，把麵包丁倒在烤盤上鋪平，盡量不要重疊。

**5** 烤箱不用預熱，直接用135℃/275℉烘烤30分鐘，關掉烤箱後讓麵包丁繼續留在烤箱裡烘乾，冷卻後裝到密不透風的容器裡，放置陰涼角落。可保存1星期。

### Verano Says :

新鮮巴西里比較香，如果沒有的話可以使用乾燥的，但是不要將乾燥巴西里與大蒜一同爆香。先爆香大蒜，瀝乾油後，再加入（乾燥巴西里+乾燥百里香）。

理論 12
THEORY TWELVE

實驗成功 3
SUCCESSFUL EXPERIMENT

SMOKE SALM

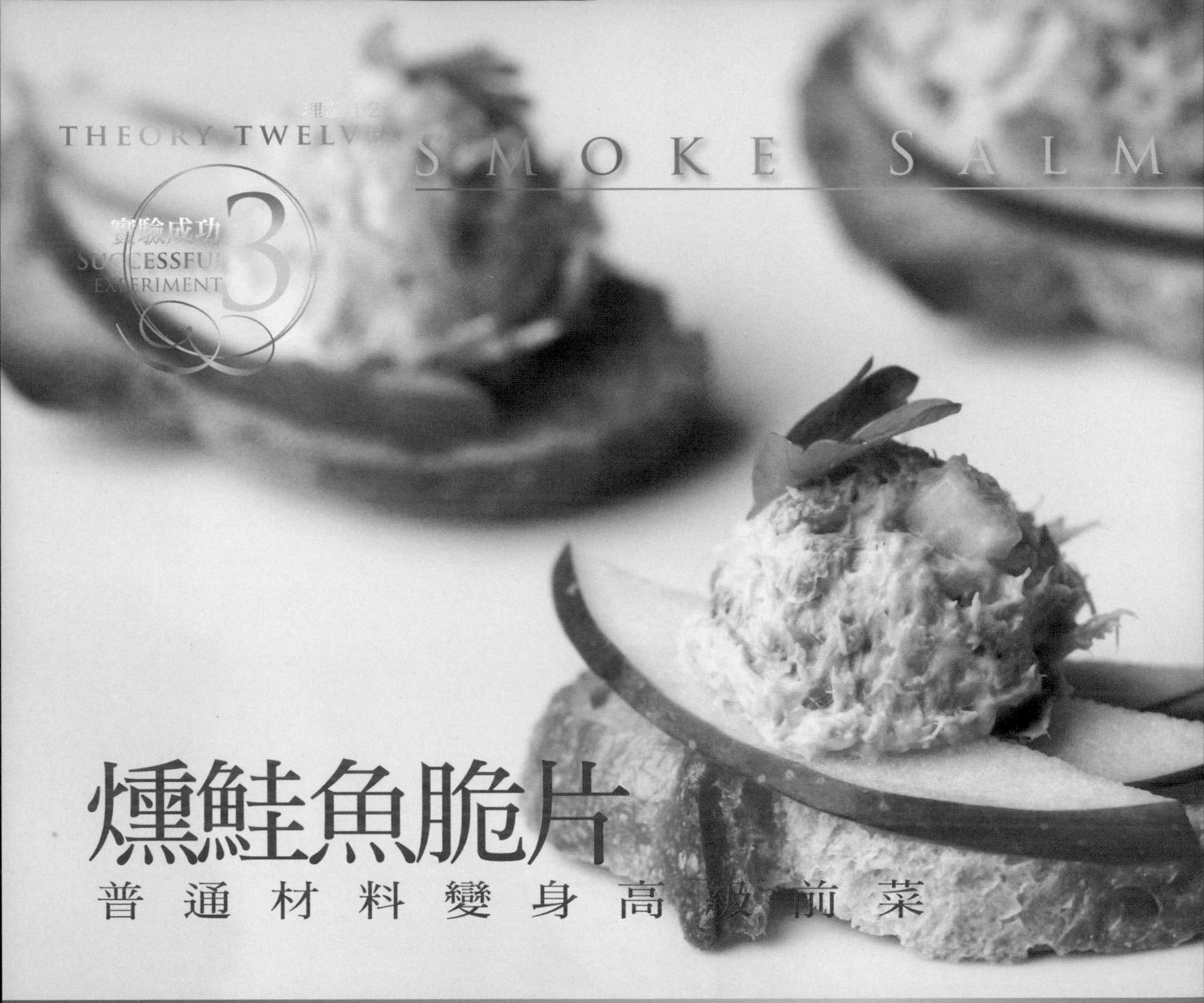

# 燻鮭魚脆片

## 普通材料變身高級前菜

## INGREDIENTS 【材料】

**1 麵包脆片（Crostini）**

法國拐杖麵包（French Baguette）：新鮮的或是隔夜老麵包皆可

橄欖油（Olive Oil）少許

**2 燻鮭魚抹醬（Smoke Salmon Spread）**

燻鮭魚（Smoked Salmon）150g.：用叉子攪散

奶油起司（Cream Cheese）226g.： 放置在室溫30分鐘，至手指壓下可以壓出指印的軟度

現磨黑胡椒（freshly Ground Black Pepper）少許：約胡椒研磨器約轉3～5圈的份量

西洋芹（Celery）1根：切0.25cm細丁

新鮮巴西里（Fresh Parsley）少許：切細碎

**3 蘋果（Apple）1顆**

選口感脆的酸甜蘋果，像是富士或是綠蘋果，切片或切丁皆可

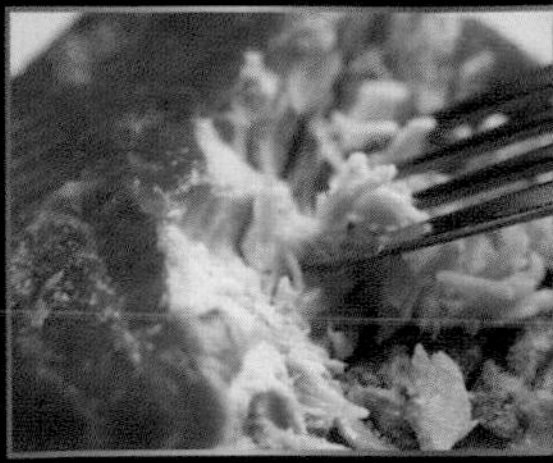

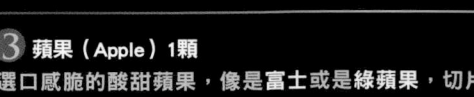

# CANAPÉ

**麵**包脆片是我最愛的隔夜法國拐杖麵包吃法了。酥脆的麵包薄片可以做很多變化，最直接的是抹上果醬享用，要是心情好，家裡又有材料的時候，我還會做些抹醬，把普普通通的麵包脆片變成高級的前菜或是下午茶點心。

## STEPS 【做法】

**1**

將拐杖麵包切成0.3～0.5cm薄片，用刷子刷上一層橄欖油，放入烤箱以190℃/375℉烤至金黃色即成。

**2**

鮭魚抹醬：（鮭魚＋奶油起司）攪拌至鮭魚完全混合進奶油起司中，奶油起司應呈蓬鬆狀。撒上現磨黑胡椒攪拌均勻。做好的鮭魚奶油起司可以在冰箱冷藏保鮮5天。

> **VERANO SAYS:**
> 這個動作可以用電動攪拌器完成，比較省事。

> **VERANO SAYS:**
> 要吃之前，用木頭攪拌匙混入西洋芹丁和巴西里。加入西洋芹丁和新鮮巴西里的抹醬要在2天內吃完。

**3**

將鮭魚抹醬抹在麵包脆片上，配上蘋果和新鮮巴西里吃。

> **VERANO SAYS:**
> 其實西洋芹、新鮮巴西里、蘋果皆可省略，鮭魚奶油起司直接抹麵包脆片吃就很好吃了，但是加入蔬菜的清香和蘋果的酸甜剛好可以平衡鮭魚奶油起司的濃膩和鹹味，另外清脆的芹菜與蘋果，和綿綿的鮭魚奶油起司也是很好的對稱，加了更好吃喔！

# 理論 THEORY 13

# 麵
# PASTA

我不但是麵包絕緣體，還跟麵食過意不去。麵包和麵條對我來說都僅止於醬料、配料或是餡料的配角。我吃麵包，不如說我在吃奶油或果醬，我吃麵食，一定吃料多於麵，要是給我一碗白白的麵，我會越吃越大碗。偏偏凡事跟我相反的Mr.Lee在麵食這點也不例外，他最愛吃麵，愛吃到他的老朋友們叫他「Noodle」，任何時候給他一碗麵他都好高興，而且不分料理，只要是「麵」，他都愛。

哦？這是等一下要變成手工麵的麵糰？

後母說做麵要有耐心，好，我等～

**怎麼做出好吃的手工麵呢？**

要有耐心：慢慢來，不能急，製麵是慢郎中的工作，急不得。

要不厭其煩，並且不可偷懶：製作口感優良的麵，一定要經過多次的擀壓。

**這兩點做不到怎麼辦？**

那麼我會奉勸你去買現成的麵，都動手了為何還做半吊子水準的麵呢？

5分鐘後⋯⋯

好了沒？

好了沒？

5分鐘後⋯⋯

# TIPS【成功煮出好吃麵條的零失敗祕訣】

好～～了沒？

15分鐘後⋯⋯

怎麼還沒好？！

隨著時間流逝，等到臉色越來越臭的Turbo⋯⋯

⋯⋯

① 要用大量的滾水煮麵：理論上每100g麵至少用1,000ml（1公升）的水，但是煮再少的麵，都不要使用少於1,500ml的水。煮麵只怕水太少，不怕過多。水量越多，麵會在越快的時間內煮好，受熱也均勻，這樣煮出來的麵很有咬勁，就是有QQ的口感啦！

② 煮麵的水一定要加鹽：每2,000ml的水，用1大匙的鹽。因為麵在煮好後可以吸收的鹽份有限，而且人的味蕾很奇怪，無鹽，食不知味，所以麵在煮的時候必定用鹽水煮，目的不是要把麵煮到讓你吃起來感覺很鹹，而是帶出麵的香味。鹽跟水一起加熱，或是水煮沸騰了再加都可以，但無論如何，鹽要在麵放入前徹底溶解。

③ 火候不夠大或是煮大量的麵時，可以蓋鍋蓋煮麵：沸騰的水在放入麵以後，還要一些時間才會再度沸騰，蓋鍋蓋可以讓水更快速的恢復沸騰的溫度，既然麵是要在沸騰的水中煮，蓋鍋煮至水再度沸騰是個好主意。

④ 煮好的麵不要沖水，瀝乾就好：很多食譜都教人要把煮好的麵沖冷水，有的說是為了好看，為了不讓麵黏在一起等等。因為水會沖去麵裡的澱粉質，除了千層麵以外，義大利師傅們不但不會拿麵去沖水，還會笑你。

**怎麼知道煮好了沒？**

古時候義大利人的說法是，當你把麵甩到牆壁上，麵會黏住的程度就是煮好了。

⑤ Errrr⋯⋯這點因為現代人實行起來有困難，除非你想洗牆壁，最好的測試法是試吃。外面購買的乾燥麵要煮至al dente的程度。「al dente」義大利文指的是可以咬下，但中心還有點硬的程度，這時觀察麵的中心，應該有個白點。手工麵則要煮超過al dente一點點，就是麵剛剛要變軟的程度。

理論 13

THEORY THIRTEEN

實驗成功
SUCCESSFUL
EXPERIMENT 1

HANDMAD

# 手工麵

## 美 麗 的 麵 條

**為**什麼要做手工麵？第一個原因是我不幸的嫁給愛麵一族Mr.Lee，常常明示暗示吵著要吃麵，既然逃不過吃麵，不如吃口感最優的手工麵？我對不喜歡吃的東西尤其挑剔。再來是因為手工麵很美麗，我喜歡看著麵皮經過壓麵機的滾壓變薄、變亮、變光滑，喜歡看它滑落到桌上，不經意地疊成一折折的彎彎曲線，最終，當麵皮切成麵條時，麵條也是如出一轍的美。為了這樣的麵，我願意花一整個下午的時光。

## AMOUNT【成品份量】

可以製作16張 25cm X 10cm大小麵皮，約4人份麵條。

## INGREDIENTS 【材料】

**中筋麵粉**（All-Purpose Flour）300g.：過篩
**全蛋**（Whole Egg）3顆
**蛋黃**（Egg Yolk）1個
**鹽**（Salt）2搓
**中筋麵粉**（All-Purpose Flour）少許
**水**（Water）依情況所需

# PASTA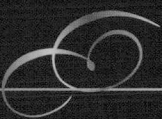

## KITCHENWARE 【特殊用具】

**壓麵機**（Pasta Maker/Machine）：手動或自動

**在製作麵條前，必須先了解壓麵機的正確使用法：**

① 從機器滾筒寬度最寬的設定開始滾麵，並且依滾筒寬度的順序，一次使用窄一點的設定，不要跳級。 例如：滾筒設定若為1～8，#1為最寬的話，必須從#1開始滾，滾過再調到#2，再從#2到#3的使用，不要偷懶從#1跳到#4。

② 麵皮在通過機器時，麵皮的厚度不可以超過機器滾筒寬度的2倍。正確的厚度為：麵皮通過機器時，還未通過滾筒的麵皮不會被滾筒擠成縐褶。麵皮厚度適當時，會很平順的通過滾筒。 為什麼？因為滾動太厚的麵皮時，機器滾筒長久下來會變形，造成往後擀出的麵皮厚度不均。另外，麵糰太厚被滾筒過度擠壓的話，裡頭的水份也會被擠乾，造成麵皮太乾，做出來的麵條口感稍劣。

**帆布**（Pastry Cloth）：最好能夠使用製作麵包時，會用到的帆布，因為麵糰是比較不沾帆布的材質，用它擀麵皮時所需的麵粉較少，甚至幾乎不用撒麵粉。

## STEPS 【麵糰製作】

**1** 取一只大盆子，放入麵粉，用拳頭在麵粉中間鑽一個凹洞，（蛋＋蛋黃＋鹽）放入凹洞中。

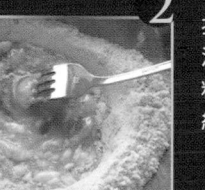

**2** 用叉子將蛋打散，然後一邊打蛋，一邊一點一點的將麵粉混進蛋汁中，持續混合蛋和麵粉直到一球麵糰慢慢形成，繼續用叉子攪拌到攪不動麵糰。

**3** 改成用手混合，以手揉壓麵糰，盡可能把麵粉和蛋混合，揉到全部麵粉都成為麵糰。用篩網在桌面上篩薄薄一層麵粉，把麵糰從盆中取出，放到有麵粉的桌面上揉，桌面上的麵粉吸收完麵糰還是黏手的話，就一次篩一點麵粉的

揉，揉到不黏手為止。這時麵糰應該很紮實，幾乎快要推不動的程度，表面不會很平滑，但是也不會龜裂到無法整型成一個圓球的地步。麵糰不平整的凹凸是正常，如果龜裂得太厲害，就表示麵糰稍微太乾了點，必須再用手沾水揉一下。

**4** 把麵糰往中心拉，像在包包子一樣，整形成一個球狀，封口朝下，用保鮮膜包好，放置30～60分鐘讓麵糰鬆弛。

實驗成功
SUCCESSFUL
EXPERIMENT
1

## STEPS 【麵條製作】

**1**
鬆弛好的麵糰分割成4份，一次只擀一球麵糰。還沒用到的麵糰，整形成一個球狀，用保鮮膜包好。

**2**
可以用帆布擀麵最好，因為帆布不黏麵糰就完全不用撒麵粉，如果沒有帆布的話，在桌面篩上一點麵粉，太多的麵粉則會讓麵皮變得太乾，邊緣會裂開。用擀麵棍把麵糰上下擀開，麵皮厚度應為機器最寬厚度的兩倍。

**3**
將麵皮放進機器中。
使用手動壓麵機時：麵皮放入機器時，應用一手扶著麵皮，另一隻手用一樣的速度和力量轉動機器，讓麵皮以均勻的速度通過機器。
使用自動壓麵機時：麵皮應用一隻手扶著放進機器中，另一隻手把通過機器的麵皮扶著，不要讓通過機器的麵皮懸在空中，用手扶著讓它輕輕落在桌上，因為麵皮本身的重量會拉扯麵皮。

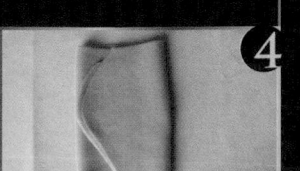

**4**
以最寬（#1設定）設定滾壓，再以第2寬（#2設定）和第3寬（#3設定）依序滾壓。滾完#3時，將麵皮摺3摺，用手稍微壓平後，擀麵棍以和摺口平行的方向上下擀平麵

皮，然後在麵皮開口和滾筒平行的方向放入機器，重複從#1到#3滾筒設定的滾壓。

> **VERANO SAYS:**
> 褶口和擀麵棍平行的擀壓，以及摺口和滾筒平行滾壓的原因，是為了讓空氣可從摺口跑出，避免空氣被困在麵皮中造成氣泡的產生。

上述將（麵皮摺3摺，擀平，放回機器從#1滾壓到#3）的一連串動作應總共重複5～8次。這中間都不要在麵皮上撒麵粉。

再度把麵皮摺3摺，擀平後就可以使用了。這可以使用的麵皮還是得從#1開始滾壓，經過#2、#3、#4、#5……。依要製作的麵條調整厚度。這時的麵皮有光澤，非常光滑，如同絲綢般的美麗；我就是為了能夠看到這樣美麗的麵皮而迷上自製手工麵

將麵皮切成麵條或是想要的形狀。（注意：若要切成麵條，要麵皮一擀好馬上切，不要把麵皮全部做完了才切麵，正確的方式是每擀完一片麵皮，馬上切成麵條。）

**4**

**5**

> **VERANO SAYS**
> 麵皮若來回使用機器（#1～#3設定）滾壓至少5次以上，質感摸起來有如皮革，觸摸起來有濕度和彈性，卻不黏手，做得對的話，麵皮的邊緣即使經過多次擀壓也不會裂開。這樣做出的麵條是外面絕對買不到的優良手工麵

**6**
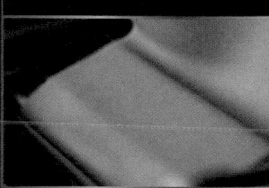

**7**

實驗成功 SUCCESSFUL EXPERIMENT 2

# SAUSAGE AND VEGETABLE LASAGNA
# 烤時蔬與香腸千層麵
## 悠　哉　的　麵

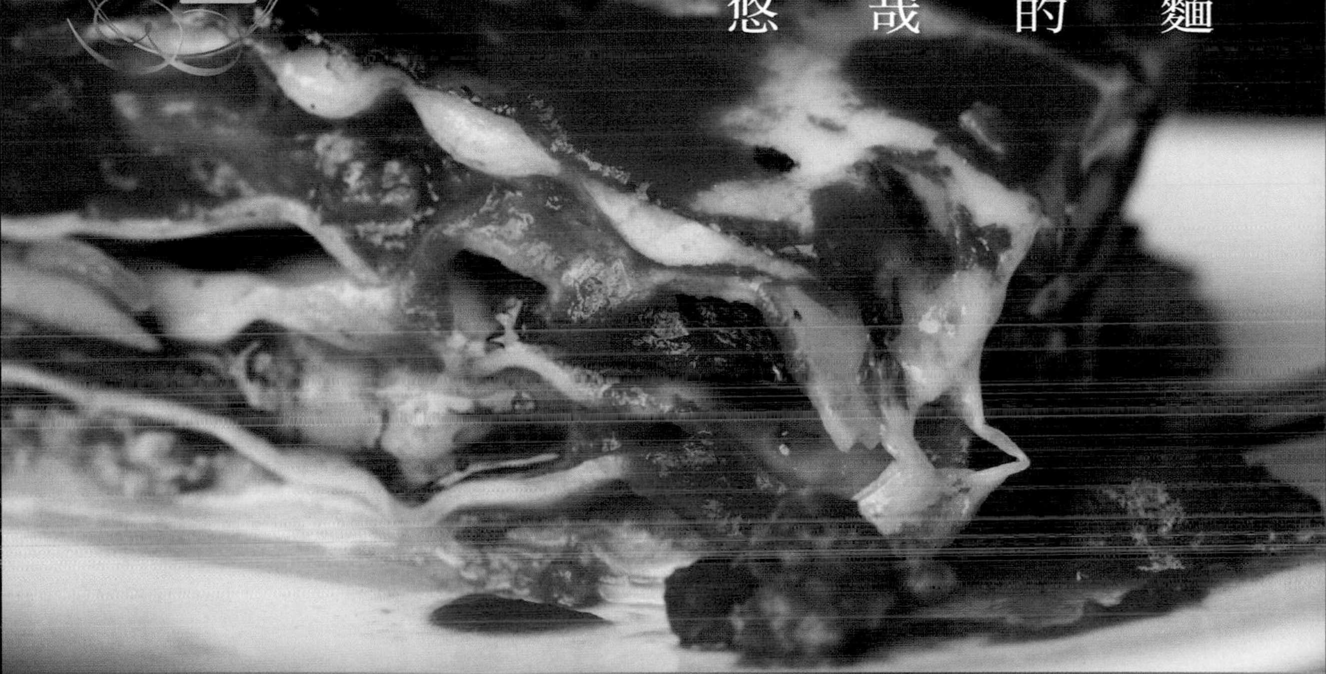

## AMOUNT【成品份量】

約4～5人份

約28cm×22cm×6cm烤盤大小的千層麵

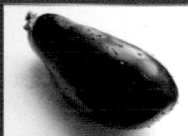

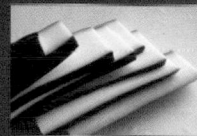

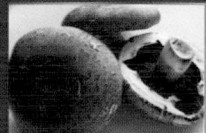

## INGREDIENTS 【材料】

手工麵（Handmade Pasta）1份（做法請見P.114）：會用到約2/3份。因為麵煮好會膨脹，所以把麵切成比烤盤小1cm的大小，若烤盤比麵還寬許多，則可以把麵切成半個烤盤大小，到時候每一層用兩張麵片
水（Water）4.000ml
鹽（Salt）2大匙

餡料的材料 （份量為參考，視蔬菜大小而定）
甜椒（Bell Pepper）2顆： 洗淨， 盡量切成扁平的切片
茄子（Eggplant）1顆 ： 西方人用的巨大圓茄。 洗淨，切成1cm厚片狀
義大利節瓜（Zucchini）2根： 洗淨， 橫切成長條1cm厚切片
波塔貝拉香菇（tabella Mushroom）3朵：可以用其他香菇取代。洗淨或是用濕紙巾擦淨，切1cm厚條狀
橄欖油（Olive Oil）適量
鹽（Salt）適量

肉醬材料（不一定會用完）
橄欖油（Olive Oil）1大匙
洋蔥（Onion）1/2顆：切細丁
大蒜（Garlic）2粒：拍扁，切細碎
義大利香腸（Italian Sausage）2根
新鮮巴西里（Parsley）1大匙：切碎
新鮮羅勒（Sweet Basil）1/2大匙：使用味道溫和的甜羅勒，不要使用味道強烈的泰國品種，沒有則可以省略。切碎

罐頭蕃茄醬汁（canned Tomato Sauce）：250ml
馬芝瑞拉起司（Mozzarella Cheese）250g：用手捏成小塊，或是切成2cm丁狀
帕瑪森起司（Parmesan Cheese）100g：削絲

實驗成功
SUCCESSFUL
EXPERIMENT
2

**我**這個喜歡吃料多於麵的人，千層麵這種每口都有豐富餡料的麵，理所當然的是我最愛的麵類。老實說，我是為了做千層麵買壓麵機的，不是為了要做其他麵類給Mr.Lee吃而買。噓～別跟他說喔～

來講講這個千層麵。義大利名廚Giorgio Locatelli說正宗義大利千層麵是醬汁很少的麵，美式和英國式那種醬汁多到麵切開時，一層一層的麵可以在醬汁裡游泳、飄走的千層麵，不是正宗義大利口味。大廚強調，義大利人吃的千層麵是切開後會「站」著的，也就是一層一層的麵可以整整齊齊地疊在一起，連孩童都知道要吃這樣的千層麵。

對千層麵有了認知後，我這才把新買的壓麵機拿出來，耐心地，不厭其煩地，花了一整個下午的時光擀麵。擀麵的時候，開始構想我想吃的千層麵……嗯，我想吃有各種烤蔬菜甜味的千層麵，如果再加點用義大利香腸製成的醬汁，應該很美味

了吧？想像到此，原本隔天才要做千層麵的計畫臨陣改成當天的晚餐，所以麵一做好，趁它在晾乾的時候，我迫不及待地衝到超市買蔬菜去了。

我買了滿滿一大袋蔬菜，有茄子、義大利節瓜、紅黃甜椒和波塔貝拉香菇，看到這一堆五顏六色的蔬菜，讓我為製作這道菜而興奮著，於是帶著愉快的心情，動手洗蔬菜、燙麵、做醬汁、烤千層麵，一連串的準備功夫，等麵出爐時已經好晚好晚了，Mr.Lee和我這兩個快餓死的人這才嘗到實驗廚房第一個出爐的千層麵。

廚房的第一個千層麵非常成功，用了恰到好處的醬汁，麵可以「站」在盤子裡，不但我們兩人吃了很喜歡，連一向挑剔的老爸後來吃到也很喜愛，從此這道菜時常在家人的要求下於家庭聚餐出現。

這道千層麵不但得花一整個下午擀麵，晚上又要弄老半天才做出來，弄得整個早餐桌和半個人都麵粉……，

可是第一次吃到自己親手做的手工千層麵真是幸福！

千層麵迷人的地方，在於最上面的乳酪，經過烘烤後，融化並帶脆的口感。而我的這道千層麵，除了融化的乳酪外，還有經過烘烤而特別甜美的蔬菜及香味更為濃郁的香菇，加上手工麵特佳的口感，簡單的說就是美味！美味！

別因為我花了老半天功夫做而對千層麵冷感，其實千層麵是可以慢慢做、分次做的，是很悠哉的。找一天

做麵，做好的麵放在冰箱冷藏，等要做千層麵時，再來烤蔬菜，每個階段都可以分開來做，很適合時間匆忙的人。尤其千層麵最大的優點在於它的壽命很長，與其他義大利麵煮好要立即吃掉不同，千層麵烤好後是越陳越香，隔夜的千層麵更好吃，所以它是很適合請客的菜，可以事先做好，等客人來再熱一下，一烤盤的麵又可以餵飽很多張嘴，請客多輕鬆呀！

# ETABLE LASAGNA

### STEPS【做法】

**1** 　各種蔬菜用不同的烤盤裝，均勻地淋上橄欖油、撒上鹽。茄子和香菇比較厚實，需要多一點鹽。茄子會吸油，要多淋一點油。放入烤箱以190℃/375F烤。甜椒烤到剛好熟，但仍清脆；茄子烤到軟；節瓜烤到剛好熟，不要烤到軟；香菇烤到出水。

**3** 　肉醬：取一只煎鍋，中火熱鍋，倒入油加熱，加入洋蔥炒至透明，放入大蒜爆香。把香腸從中割開，擠出裡面的肉，入鍋快炒，放入巴西里和羅勒調味。倒入蕃茄醬汁，火候轉小，煮10分鐘。試醬汁鹹味，因為香腸和蕃茄醬汁各廠牌鹹度不同，鹹味調好，熄火。

> **VERANO SAYS:**
> 馬芝瑞拉起司入烤箱融化後是每層麵的黏著劑，所以要分佈均勻。

**2** 　煮麵：把4,000ml水煮至沸騰放入鹽，一次燙3片麵，並留意不要讓麵在鍋中黏在一起。麵稍微燙至透明，不用燙到熟，取出。備一些冷水，把燙好的麵放入冷水中柔洗一下，取出瀝乾水份，找個攪拌盆把麵掛在邊緣，或是找容器讓麵可以攤平，備用。燙好的麵不要重疊，免得黏在一起。

**4** 　烤箱預熱到 190℃/375F。裝千層麵的烤盤抹上少許橄欖油，鋪上一層麵。麵的大小若超出烤盤大小，要把多出來的麵往上翻讓它貼著烤盤邊緣。麵上平鋪一層烤蔬菜，蔬菜上每隔3cm距離放一小匙肉醬，每隔一段距離擺一塊馬芝瑞拉起司，鋪上第二層麵。重複鋪麵與料的動作至烤盤的9分滿，最上面一層鋪麵；6cm深的烤盤約可以疊5層麵、4層料。

**5** 　將剩下的馬芝瑞拉起司均勻地分佈擺上，每隔一段距離撒一點肉醬，然後均勻地撒上所有的帕瑪森起司絲。

理論13
THEORY THIRTEEN

實驗成功3 SUCCESSFUL EXPERIMENT

# 扇貝香草小手帕麵
## HERB PRINT FAZZOLET
### 優雅的麵

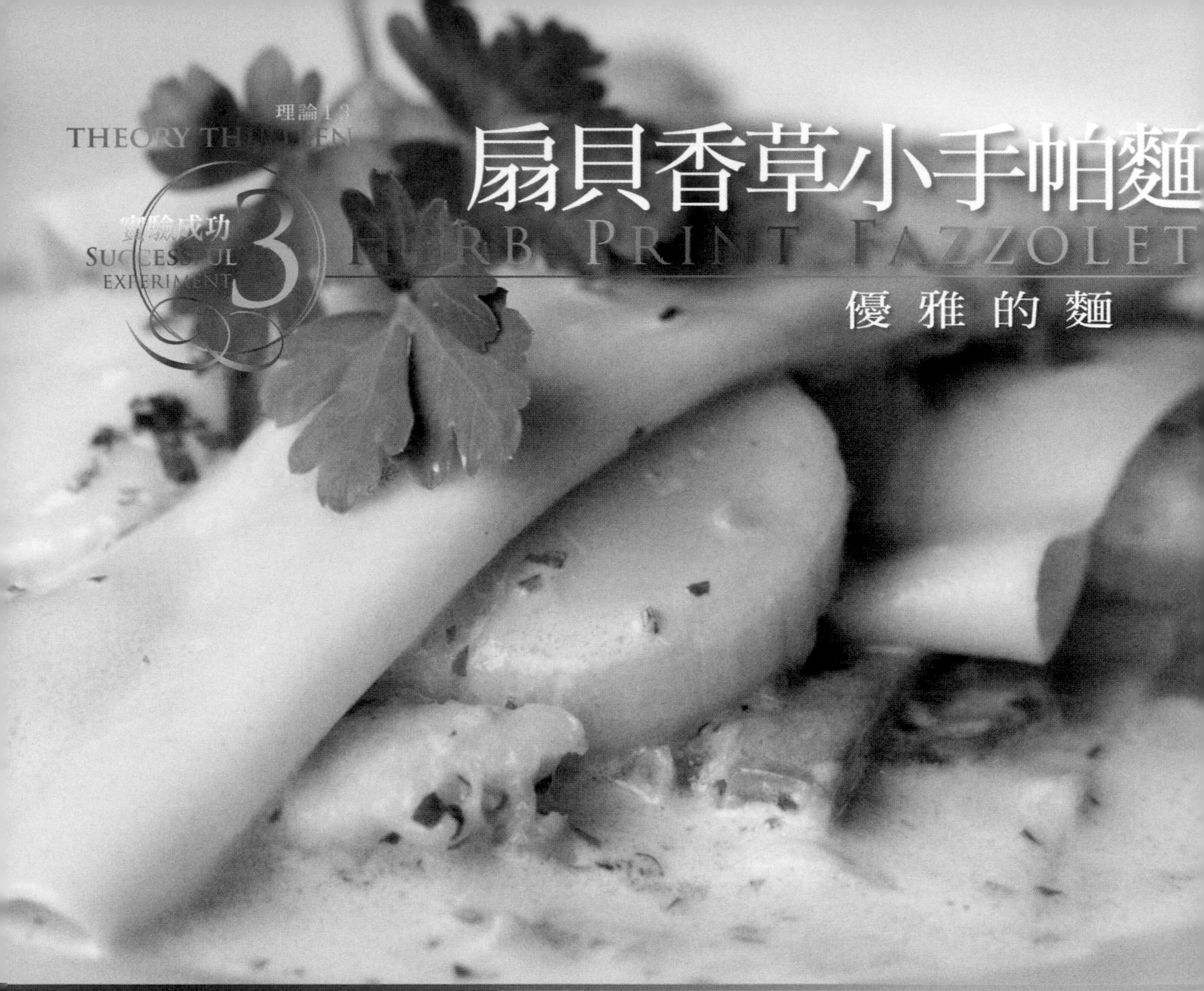

## AMOUNT【成品份量】
2人份

## KITCHENWARE【麵條材料】
**手工麵**（Handmade Pasta）4人份：擀好，不要切

**新鮮義大利扁葉巴西里**（Parsley：Italian Flat Leaf）少許：雖然其他葉片扁平的香草也可以印出美麗的圖樣，但是也要考慮與醬汁是否搭配。一般來說，**迷迭香**（Rosemary）是完全不適合，它的針葉太硬會把麵搓破，**蒔蘿**（Dill）我個人覺得不適合，因為味道太濃，除非製作海鮮醬汁搭配，否則應避免。另外，也別使用醬汁裡沒有用到的香草。

## STEPS【麵條做法】
1. 香草洗淨，用紙巾徹底吸乾水份。
2. 麵擀好，這種麵的厚度要薄，使用壓麵機倒數第二窄的設定。擀麵要趁剛擀好、還有點濕度時，製作香草圖樣。
3. 取一片麵，將香草的葉片每隔1～2cm的距離隨意擺上，取第二片麵，蓋在第一片上，將這個麵皮「三明治」拿到壓麵機以倒數第二窄的設定擀壓過，切成想要的大小方形即成。我喜歡切大張點，通常切10cm× 20cm。

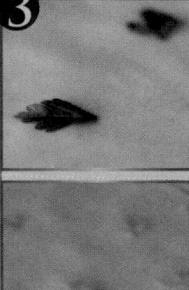

4. 將做好的麵放到陰涼處晾乾。

# WITH SCALLOP CREAM

擀得極薄、切成正方形或長方形狀的麵，叫做Fazzoletti，義大利文是「小手帕」的意思，因為麵燙過之後，放在盤子上，很像小手帕不經意地落在盤子上的樣子。製麵時，喜愛看一整片麵不經意地疊在一起的我，第一次看到 Fazzoletti 與配料交錯層疊，每個摺痕都沾點醬汁的樣子就好喜歡，「怎麼會有這樣優雅的麵呢？」我忍不住驚嘆著。想當然，在我開始做手工麵後，Fazzoletti 是我一定要嘗試的。

說到Fazzoletti的製作，素素的小手帕固然很美，但是身為一個女人，怎麼可能為一成不變的手帕樣式而滿足呢？我忍不住在麵中加了香草，開始「織」起有圖樣的小手帕來，把原本就很可口的素麵做成賞心悅目的小手帕，讓吃麵都變優雅了呢！

手工小手帕麵，又滑又彈牙的口感，每個縐褶中都藏著蒜香奶醬、扇貝及香菇，好好吃喔！切開小手帕，是一層一層的麵，猶如吃千層麵般驚奇。

---

## INGREDIENTS

### 扇貝香草小手帕麵 【材料】

小手帕麵（Fazzoletti）2人份：若不想做有圖案的麵，直接將素麵切成方形

橄欖油（Olive Oil）3～4大匙

鹽（Salt）少許

義大利草菇（Crimini Mushroom）200g.：長相很像草菇，但顏色是淺棕色，切片

扇貝（Scallop）250g.：如果使用的扇貝很大，切成1cm厚。洗淨用紙巾吸乾水份

大蒜（Garlic）2粒：拍碎

巴西里（Parsley）1把（約與大蒜等量）：與大蒜一同切細，越細越好

白酒（White Wine）3大匙：任何你喜歡喝的白葡萄酒

鮮奶油（Whipping Cream）150ml

煮麵的水（Pasta cooking water）少許

新鮮巴西里（Fresh Parsley）或現磨黑胡椒（freshly ground Black Pepper）或帕瑪森起司（Parmesan Cheese）少許

## STEPS 【做法】

**1** 大火將（4,000ml水＋2大匙鹽）煮至沸騰。

**2** 煮水的同時，煎鍋以中火加熱，倒入3大匙油，油熱了，拇指和食指間捏一丁點鹽撒入鍋中，放入扇貝煎香，煎至扇貝剛失去透明感時就馬上翻面，一面約煎30秒。扇貝煎好取出放置一旁。再捏一丁點鹽撒入，放入草菇，炒至出水，再把水炒到蒸發，盡量用鍋鏟將草菇中的油壓出，取出草菇，放置一旁。

**3** 煮麵：在沸騰的鹽水中放入麵，一片一片的放入，用大火將麵煮至超過al dente，剛剛變軟的程度，約3分鐘時間。

**4** 煮麵的同時，用煎鍋內剩下的油，油要是不夠，可再加1大匙爆香（大蒜＋巴西里），但不要加熱到大蒜變色。在煎鍋中倒入酒，deglaze（也就是用鍋鏟將剛煎過食物、黏在鍋底的焦黃殘渣脫落的動作，白酒可以幫助殘渣脫落，脫落的殘渣很香，可用來當做調味醬汁）後，加入（鮮奶油＋炒好的香菇），煮至鮮奶油濃稠，再加入適當的鹽調味。醬汁煮到此已經可以用了，要是這時麵還未煮好，先把火候轉小等著。麵快好的時候，將先前煎好的扇貝再放入鍋中加熱幾秒。醬汁要是太濃稠，則加入少許煮麵的水調理。

**5** 撈起煮好的麵，瀝乾水份，放到煎鍋裡的醬汁中，輕柔的翻幾下讓它裹滿醬汁。兩手並用，一手將麵用筷子或是夾子（或是豪邁點：用手，小心燙）從鍋中取出放到盤子上，另一隻手取湯匙舀醬汁，在麵放入盤子的同時，在麵的每個摺痕間淋上醬汁以及擺上扇貝。如果這樣困難度太高的話，可以將醬汁先舀到盤中，或把麵隨意地擺在醬汁上，再放入扇貝。反正隨意擺放，你覺得很美就好。

**6**

**7** 麵上可以撒些新鮮的巴西里、現磨黑胡椒，或是帕瑪森起司。

# 鮮蝦辣麵

## FETTUCCINE SHRIMP DIAVOLO

### 充滿妥協的幸福麵

## STEPS 【做法】

**1**
大火煮燙麵的水4,000ml，煮至沸騰。

**2**
蝦：水熱的同時，煎鍋以中火加熱，鍋熱了，放入蝦，快速把兩面煎到剛剛變紅，馬上拿起來放置在一旁，蝦的中間未熟沒關係。

**3**
醬汁：用煎蝦的煎鍋，鍋子不要洗，倒入橄欖油，放入洋蔥炒到半透明，放入（大蒜＋乾辣椒碎片），快速炒一下爆香，淋入酒，等酒精蒸發掉後倒入蕃茄醬，加奧勒岡，煮至汁液濃縮，煮約5分鐘，試吃味道，依鹹度加鹽，將火候轉小，讓醬汁熱著。

人家說一個幸福的婚姻是充滿妥協的。我和Mr.Lee的婚姻幸不幸福我是不知道啦（幸福從何量起？），但是我們在餐桌上充滿妥協是真的。先前說過，與Mr.Lee對麵食的熱愛相反，我對麵不大感興趣，但因為他愛吃，我只好跟著吃，這是妥協1。

吃麵的時候，他愛好厚實的圓形麵條（麵的比例比較高），我喜歡薄的扁麵條（沾的醬料比較多！），又是一個需要妥協之處，既然我是煮飯婆，掌握鍋鏟的權力，吃什麼麵得看我的心情，今天吃我自製的扁麵，這是妥協2。吃扁麵，要煮什麼醬？讓Mr.Lee一步，用他最愛的蝦做醬，給他加料，這是妥協3。

今天做的麵，醬料為鮮蝦配辣味蕃茄醬，是我在餐廳吃到的料理，我愛吃辣又愛大蒜，所以很喜歡這道麵。

啊，鮮蝦的脆甜和手工Fettuccine的滑Q口感，吃得兩人開開心心的。

## AMOUNT【成品份量】　2人份

## INGREDIENTS　【材料】

自製手工寬麵條（Fettuccine）1/2份
虎頭蝦（Tiger Prawn）約15隻：剝殼，去腸泥，撒上1搓鹽 + 少許現磨黑胡椒，淋上約1大匙橄欖油，混合均勻，放置在一旁
橄欖油（Olive Oil）2大匙
洋蔥（Onion）1/3顆：切丁
大蒜（Garlic）2粒：切碎
乾辣椒碎片（Dried Red Chilly Flakes）1小匙
白酒（White Wine）1/2杯

原味蕃茄醬罐頭（canned Tomato Sauce，Plain & Unflavored）250ml
乾燥奧勒岡（dried Oregano）1搓
鹽（Salt）適量
羅馬蕃茄（Roma Tomato）1顆：切丁
新鮮甜羅勒（Sweet Basil）或新鮮巴西里（Pasley）1/2杯：夏季有羅勒時使用羅勒，其他季節沒有羅勒時，使用巴西里。羅勒葉片切細絲，巴西里切碎

**4**
煮麵：水煮至沸騰後加鹽，放入麵，煮到剛剛好過「al dente」的軟度，約2分鐘，將麵取出瀝乾。煮麵的水留一杯備用。

**5**
熱著醬汁的火候轉大，放入（蝦+蕃茄），稍微翻炒，放入煮好的麵攪拌，如果麵的醬汁太濃，可以加幾匙的煮麵水調和。撒入新鮮羅勒或巴西里，熄火。盛盤。

理論 THEORY **14**

# 米
## R I C E

講到我小時候在餐桌上最大的敵人 ── 白飯，其實到現在還是我用來配菜，用來中和菜餚鹹味的東西，對它真的沒多少熱情，一口飯配兩三口菜，是我吃飯的習慣。 話雖如此，有調味的飯，像是西班牙的Paellera或是義大利的Risotto就不同了。那些吸飽湯汁，爆滿好料的飯，我喜歡，所以有好好研究過怎麼把它們烹調好的理論，在此摘錄之。

# TIPS 【成功煮出西班牙海鮮飯的零失敗祕訣】

### 何謂Paellera?

在西班牙瓦倫西亞地區，Paellera指的是大平底鍋，用這種平底鍋煮的飯叫做西班牙燉飯（Paella），飯的口味可以是雞肉或是海鮮，依喜好不同做變化，但是有一點我必須強調，就是正宗的西班牙燉飯一定要用番紅花（Saffron）的花蕊調味，少了那個味，就請別叫它做「西班牙燉飯Paella」。

因為紅色的番紅花為西班牙燉飯貢獻了特殊香氣和艷黃色彩，是這道米飯特有的。番加醬和其他色素與材料或許也可以將米飯染成黃色，卻無法取代番紅花的特殊香氣。但由於番紅花依重量來算是世界上最昂貴的香料，所以外頭冒牌的「西班牙」燉飯甚多，很多人以為只要是大鍋炒飯加海鮮就可以稱之為西班牙海鮮飯了。

另一點關於西班牙燉飯的迷思是以為飯是炒熟的。其實西班牙燉飯和義大利燉飯(Risotto)大大不同，正宗西班牙燉飯必有的材料是瓦倫西亞產的米，像是Calasparra米或Bomba米，其特性為吸水力強、米吸飽水後不爛也不黏、粒粒分明，卻不耐攪拌，因此做西班牙燉飯是絕對不會翻炒米粒的。這點和義大

① 米，洗與不洗，是這道料理最大的爭議點。因為西班牙燉飯裡的米粒要保持粒粒分明，燉飯口感要一點黏又不會太黏，既不是鬆散狀，也不是濃稠狀，非常特殊，所以米是否要洗眾說紛紜，但可以確定的是，若要洗米，絕對不能搓揉，最好是清水沖過一遍就好。我個人看法：不洗。

② 米絕對不能翻炒，會攪爛米粒完好的形狀。

做Paella除了必須遵守上述兩點原則之外，必須了解：食材份量應該依鍋子大小來決定。因為煮Paella時，米不能翻炒，所以米最多只能放2cm厚，這樣才能確保鍋底和鍋面的米受熱均勻，放太厚的米，上面的米還沒熟，底下的都煮糊掉了，由此可知米量是不固定的。另外，烹煮時間由鍋子材質決定，所以煮的時間也不固定。總之，煮西班牙海鮮飯的變數很多，食譜很難寫。

# 西班牙海鮮飯
## PAELLA
### 神 遊 西 班 牙

## AMOUNT【成品份量】  INGREDIENTS 【材料】

| | |
|---|---|
| 4人份 | 橄欖油（Olive Oil）3大匙 |
| | 西班牙香腸（Chorizo）1根：有特殊香氣， |
| | 以大量煙燻紅椒粉調味，帶點辣味 |
| | 大蒜（Garlic）1粒 |
| | 洋蔥（Onion）1/2顆 |
| | 西班牙煙燻紅椒粉 |
| | 　（Spanish Smoked Paprika）1小匙 |
| | 甜椒（Bell Pepper）1/2顆 |
| | 番茄（Tomato）1顆 |

西班牙米（Valencian Rice）350g.
番紅花（Saffron）約0.3 g.：一罐番紅花一般
為1g.裝，使用1/3罐
綜合海鮮1kg.：烏賊（Squid）、魚塊（Fish
Fillet cut into chunks）、扇貝（Scallop）、
鮮蝦（Shrimp or Prawn），蛤蜊（Clam）等
任何喜歡的海鮮
四季豆（Green Bean）：約和甜椒等量

## INGREDIENTS 【高湯材料】

魚高湯（Fish Stock）1,200ml：水2,000ml
＋任何一種白肉魚的骨頭、皮和剩下的肉
1kg.＋芹菜（Celery）&紅蘿蔔（Carrot）
1碗＋全顆未磨的黑胡椒（Whole Black
Peppercorn）10粒＋大蒜（Garlic）3粒+月桂

葉（Bay Leaf）2片，中火熬煮45分鐘。魚湯
可以用蔬菜湯代替，用同樣的方式調味
番紅花（Saffron）0.3 g.
鹽（Salt）1/2小匙

我從來不知道自己可以這樣崇拜一鍋飯，直到我們家的第一鍋西班牙海鮮飯煮好，發現自己忍不住一邊偷抓吸飽湯汁的滾燙米粒吃，一邊試圖用黏呼呼的手指抓相機，這才發現米飯也有讓我著迷的時候。Paella豔麗的色彩，鮮明的味道，就是要這樣的一鍋飯，才能挑起我對米的熱情。

鮮蝦、扇貝、蛤、烏賊、大蒜、洋蔥、蕃茄，還有我最愛的西班牙香腸（Chorizo），加上紅椒粉特殊的煙燻味、淡淡的辣味，集所有我最愛的香氣與味道齊聚一鍋，外加熱情的色彩：紅、綠，配上黃色的米粒，我的感官就這樣為之魅惑！

雖然，真的番紅花索價頗高，但是如果一罐番紅花的價錢可以讓人神遊西班牙，品味正宗Paella，很划算不是嗎？

# STEPS 【做法】

**1** 高湯：魚湯中加入番紅花，讓湯沸騰10分鐘，煮出番紅花的顏色和香氣後，火候轉小熱著。試湯的鹹味，視情況加鹽調味。

**2** 大平底鍋以中火加熱，倒入橄欖油，放入香腸炒香，加入（大蒜＋洋蔥）爆香，炒至洋蔥透明，放入（紅椒粉＋甜椒＋蕃茄）稍微炒一下，但不要炒到甜椒熟透。

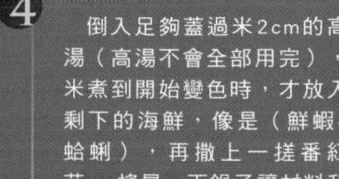

**3** 先放入以小火煮不會馬上熟的海鮮，像是（烏賊＋魚塊＋扇貝），稍微炒一下，炒到海鮮變得不透明。接著將米均勻的撒入鍋中，直到鍋底鋪滿薄薄一層米，最多2cm（圖A），米剛放進鍋中時可以用鍋鏟稍微翻一下，讓米和海鮮料散布均勻，有一部份的米必須在鍋底，如果在鍋底的都是海鮮料的話，料會燒焦（圖B）。

**4** 倒入足夠蓋過米2cm的高湯（高湯不會全部用完），米煮到開始變色時，才放入剩下的海鮮，像是（鮮蝦＋蛤蜊），再撒上一搓番紅花，搖晃一下鍋子讓材料和米的分配均勻。無須蓋鍋蓋，只要不時的將鍋子前後搖晃讓材料動一動即可。此時將火候轉弱一些。

**5** 湯汁會慢慢被米粒吸收，要是在米煮熟前（就是米還很硬）眼看湯要燒乾了，可倒入多一點的高湯，但是不要一下子加太多，一次應只加一湯瓢的高湯讓米剛剛好有泡到湯的程度即可，然後邊煮邊依情況判斷是否要再加湯。在米快熟時（換句話說：當起來只有中間一點點硬度，外面已煮軟），加最後一瓢高湯，在這時加入四季豆，繼續煮至米剛好熟透，熄火。把沒有打開的蛤或其他貝類丟掉，試鹹味，鹹度不夠的話，可以撒上一小搓鹽，輕翻幾下米。將整鍋米拿上桌享用。

想想，覺得這道飯真的很棒，是個要求不多的一道菜，只要番紅花＆西班牙米給它用力的敗下去，煮的時候根本無技巧可言，大家不妨試試所謂的正宗西班牙飯！這道米食香又好吃、煮好又有成就感，是讓煮的人和吃的人都很容易上癮的飯喔！

實驗成功
SUCCESSFUL
EXPERIME **2**

# SHRIMP AND ANDOU

# 鮮蝦與煙燻香腸
# 美式燉飯
西班牙飯演化版

## AMOUNT【成品份量】　　INGREDIENTS【材料】

6人份：這個米料理一般都是煮很大鍋的。

油（Oil）3大匙：任何油
路易西安那州煙燻香腸（Andouille）3根：可以用熱狗代替，切片
洋蔥（Onion）1/2顆：切丁
大蒜（Garlic）3粒：切碎
蕃茄膏（Tomato Paste）6大匙

Cayenne辣椒粉（Cayenne Pepper）1小
紅蘿蔔（Carrot）約3根：切丁。
西洋芹（Celery）：與紅蘿蔔等量
切丁
雞湯（Chicken Stock）1,000ml：自
或是罐頭雞湯都可以

## STEPS【做法】

**1** 厚重的大湯鍋（例如燉肉用鍋Dutch Oven）以中火加熱，鍋熱了，倒入油，放入香腸煎成金黃。

**2** 同一個鍋子，倒入洋蔥快炒，炒至透明，放入大蒜爆香，加（蕃茄膏＋辣椒粉）炒至聞得到辣椒香味。

**3** 加入（紅蘿蔔＋西洋芹）稍微炒一下後，倒入雞湯，蓋上鍋蓋，燜煮至紅蘿蔔熟透軟，約5～10分鐘。試吃味道加入適量的鹽調味。

番 紅花太貴買不下手嗎？西班牙米買不到嗎？還是純粹不想花那麼多精神時間去燉煮西班牙飯？那並不代表無法享受到好吃的米料理，這時候煮美式西班牙燉飯演化版 —— 美式燉飯（Jambalaya）最適合了。

這道美國路易斯安那州的名菜，是法國與西班牙後裔在美國煮的一種類似西班牙燉飯的料理。美國南方早期為稻米牛產地，這些早期的西法後裔利用當地盛產的稻米，將他們祖先在歐洲吃的料理東拼西湊地在新大陸煮出西班牙燉飯的演化版，但由於美國不產番紅花，所以直接省略番紅花，不過還是可以從調味卜看得到西班牙的影子，當地方言稱這道米料理為Jambalaya。Jambalaya演變至今分成兩派，使用蕃茄與不使用蕃茄兩種，在此實驗的是加了蕃茄汁的Jambalaya，因為我喜歡米煮在蕃茄醬汁裡的味道。

這是符合美國人隨和個性的料理，取代番紅花的蕃茄醬汁，配上香腸淡淡的煙燻味和脆蝦，別有一番風味，而且美國路易西安那州的料理屬重口味，喜歡使用大量黑胡椒與辣椒調味，香辣過癮。

鹽（Salt）適量
蕃茄（Tomato）1顆：切丁
青椒（Green Pepper）1顆：切丁
泰國香米（Jasmine Rice）450g.
鮮蝦（Shrimp）500g.：去殼，去腸泥
蔥（Green Onion）2根：切成蔥花

現磨黑胡椒（freshly ground Black Pepper）少許

**4** 湯中放入（蕃茄＋青椒＋米），把所有材料攪拌均勻，湯煮沸後加入鮮蝦，再次攪拌鍋內材料，把火候轉小到湯只有微微滾動的程度，蓋上鍋蓋燜煮至米熟透，約20分鐘。

**5** 米煮好時，試吃味道，看情況決定是否要再加鹽。撒上蔥花和現磨黑胡椒攪拌，即可食用。

**VERANO SAYS：** 這道燉飯裡的蝦可以用雞肉丁取代，如果使用雞肉的話，雞肉與香腸要同時入鍋喔！

實驗成功
SUCCESSFUL
EXPERIMENT 3

# 牛肝菌義大利燉飯
## PORCINI RISOTTO
### 滿屋子的香氣

## 做出完美義大利燉飯的祕訣？

**1**

使用好米、好湯頭、好乳酪、
好奶油：
義大利燉飯是非常誠實的料
理，食材的品質會直接反射在
成品上，所以盡可能的使用好
料。

**2**

1杯米，應該加4.5杯高湯。

**廚** 房成功地實驗出西班牙海鮮飯後，感覺上理應挑戰義大利燉飯（Risotto）。義大利燉飯已經不知有多少人說很難做得好，也很少有餐廳做得正統，既然如此，我對義大利燉飯的實驗抱持更加慎重的態度。我先從搜尋資料開始，發現義大利名廚Giorgio Locatelli對這道菜的介紹最為精闢，把大廚的解說好好研究一番，了解什麼才算是成功的義大利燉飯，以及理論上怎麼做好這道料理，這才開始下廚。

為了煮義大利燉飯，我特地把珍藏已久，捨不得用的牛肝菌拿出來用。果然，貓還是肥的識貨。

原來做義大利燉飯的米分3種：

))) Arborio：屬於大顆粒品種，米粒圓胖，一般義大利家庭都使用這種米，雖然它與Carnaroli和Vialone Nano比，吸水性稍弱，米粒也比較容易煮爛，但煮出來的燉飯比較黏，口感最濃稠厚實。

))) Carnaroli：米的顆粒同上屬於大顆粒品種，米粒細長，煮出來的口感較細緻綿密，卻不會太過厚實，米粒較Arborio不容易煮爛，也更能保持完好形狀。

))) Vialone Nano：米的顆粒屬小顆粒品種，米粒圓胖，吸水力為三者中最強，米粒同Carnaroli一樣能夠保持完好形狀。

了解用米後，到底理論上什麼是成功的義大利燉飯？
))) 米粒瑩潤飽滿。
))) 眼睛不應該看到一窪一窪的湯汁。
))) 眼睛不應該看到燉飯上泛油，或是浮著一層油。
))) 燉飯應該是濕潤的，可是水份不應該多到燉飯癱軟不成形，當盤子傾斜時，米粒會像波浪一樣的起伏。

三種米放在一起比較，特性稍有不同，但與其他米種比起來，三種皆屬超級耐攪拌的品種，「耐攪拌」又可保持完好形狀是它們的共同特徵，也是義大利人選擇它們做燉飯的原因。義大利每個地區會有其偏好用米，很講究的廚師甚至會指定哪種口味的燉飯應該使用哪種米，但嚴格說來，煮義大利燉飯沒有必定使用三者中哪種才是對的，Locatelli大廚認為Vialone Nano煮出來的口感清爽點，賣相也比較好，Arborio是他從小吃到大的，賣相稍微粗糙一些。我個人則使用義大利進口的Arborio米，非常喜歡用它煮出來的燉飯口感。

3 ——————
最少煮4人份，但不要超過8人份。

4 ——————
最終階段加入的奶油，溫度要低：
雖然很多餐廳為了戲劇效果，會在他們的義大利燉飯裡多加一點料，但傳統義大利人在家吃的義大利燉飯料是很少的，所以義大利燉飯幾乎可以說是

在品嘗「米」的料理，當然義大利燉飯跟吃純白飯比是精彩多了，可是總括來說義大利燉飯是以米為主角的料理。平時，這種料不夠多的米料理，對我這吃一口飯要配三口料的人來說應該是很乏味的東西，

但是我卻很滿意的整盤吃光光，連自己都很意外呢！

# PORCINI RISOTTO

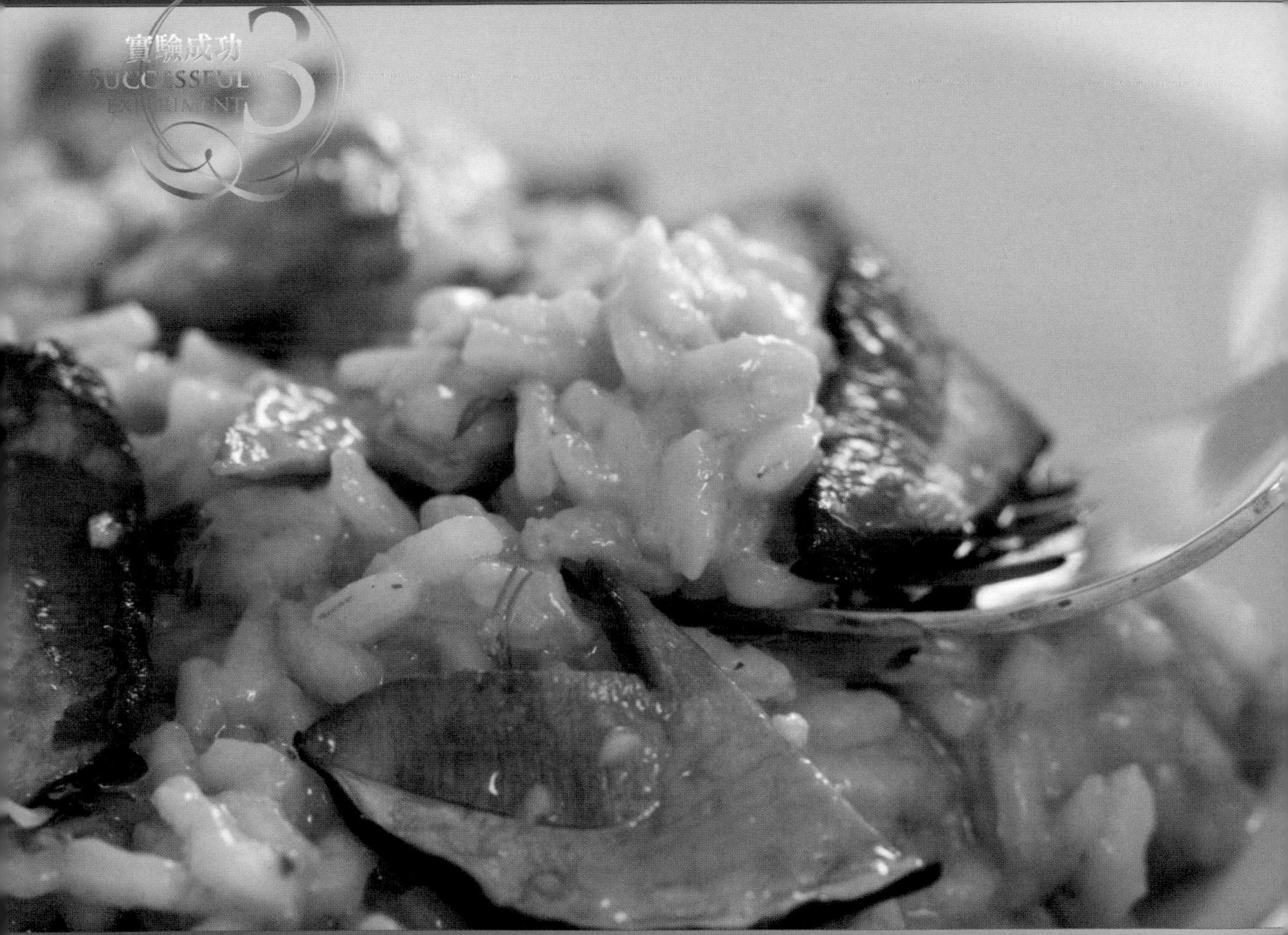
實驗成功
SUCCESSFUL EXPERIMENT
3

## AMOUNT【成品份量】

4人份

RISO DRAGONI
ARBORIO

## INGREDIENTS 【材料】

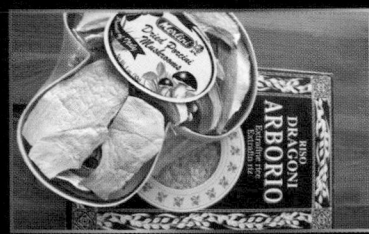

橄欖油（Olive Oil）5大匙
大蒜（Garlic）2粒：切成非常細碎
乾燥牛肝菌（dried Porcini）30g.：把漂亮的切片和破掉的碎片分開用溫熱的水泡軟，將水份擠乾，泡牛肝菌的水倒掉
洋蔥（Onion）1顆：切成非常細的丁狀
Arborio米300g.：（約2杯）
白酒（White Wine）100ml
雞肉高湯（Chicken Stock）約2,150ml：講究點的話，自己熬湯。水2,500ml＋綜合雞肉、雞骨、雞皮500g.＋芹菜（Celery）&紅蘿蔔（Carrot）1碗＋全顆未磨的黑胡椒（Whole Black Peppercorn）10粒＋大蒜（Garlic）3粒+月桂葉（Bay Leaf）2片，中火熬煮45分鐘，過濾
新鮮巴西里（Parsley）一小把：切碎
奶油140g.：用冷藏的奶油，切成丁狀
帕瑪森起司（Parmesan Cheese）100g.：磨成細粉

# STEPS 【做法】

**1** 雞肉高湯煮沸騰後，轉小火把湯熱著。

**2** 將一只有深度的煎鍋以中火加熱，加入橄欖油，待油溫熱的時候（有波紋）放入大蒜爆香，大蒜不能夠變色，所以油不要太燙，隨後放入漂亮的牛肝菌片炒香。牛肝菌的香氣非常濃，聞到香味時，取出牛肝菌，放置一旁，將破碎的牛肝菌碎片另外撥出。

**3** 同一只煎鍋，放入洋蔥炒至透明，放入（破掉的牛肝菌碎片＋米），像炒飯一樣的翻炒米粒，這個動作叫作tostatura。米要炒到溫熱，加入白酒，繼續翻炒，把酒煮到完全揮發，眼看鍋子要乾的程度。

**4** 開始加入熱雞肉高湯，一次只能加到讓米粒剛好泡得到湯的份量，湯不要淹沒米粒。米需要不斷的攪拌，要等湯汁快被米吸收時，才加入更多的高湯。

從開始加湯到煮好，差不多要煮17分鐘，所以隨著時間迫近，每次加的湯要越來越少，到最後幾乎不要加湯了，因為在米煮好時，要是還有太多湯殘留的話，成品會太稀，軟趴趴的。煮了14～15分鐘時開始要非常注意米的熟度，從米看起來要熟的時候開始試吃（試吃時要小心燙）。什麼時候算煮好？米應該是外軟，中心還有一丁點嚼勁的al dente程度，熄火。拌入（新鮮巴西里＋一開始煎香的牛肝菌片）。

米離開火源後，要讓它稍微冷卻，休息1分鐘，這點非常重要。這個階段稱為 resting。

休息好的米，先加入奶油，混合奶油時要使盡全力地不停攪拌，攪拌至奶油幾乎全部融入米中，這時加入起司，繼續努力的攪拌。這個階段稱為 mantecatura。

> **VERANO SAYS:**
>
> 快速的攪拌才能讓奶油、起司與米完美的結合。

**5**

**6**

**7**

> **VERANO SAYS :**
>
> 接下來要把奶油和乳酪加入米中，因為奶油和乳酪是乳製品，米要是太燙的話會造成乳製品中的油脂分離（split），變成有「泛油」的現象，那就失敗了。

理論14
THEORY THIRTEEN

實驗成功
SUCCESSFUL
EXPERIMENT

4

V A N I L L A R

# 香草米布丁
### 甜 到 心 坎 裡

## AMOUNT
## 【成品份量】

可以製作1,000ml，約4～6人份

## KITCHENWARE
## 【用具】

大同電鍋或厚重湯鍋(Rice
Steamer / Heavy Bottom Sauce
Pan or Dutch Oven)：這點很重
要，因為牛奶很容易燒焦，厚
重的鍋子傳熱比較好，煮濃稠
米布丁也比較不容易燒焦
木 製 攪 拌 匙 （Wooder
Spoon） 或 耐 熱 橡 皮 刀
（Silicne Spatula）

## INGREDIENTS
## 【材料】

Arborio米（Arborio Rice）
150g.：做義式燉飯的圓米
水（Water）適量
全脂牛奶（Whole Milk）
750ml 或 850ml：使用電鍋蒸
煮用750ml，厚重湯鍋直火煮
增加至850ml
鮮奶油（Whipping Cream）
235ml
香草豆莢（Vanilla Bean）2根：
用你能買到的最好豆莢
白砂糖（Granulated Sugar）
100g.
鹽（Salt）1搓

# ⠀⠀E PUDDING

米布丁？！這是我剛移居美國時，就被列入拒絕往來的名單。還記得第一次吃到是因為我非常想念焦糖布丁，找遍美國超級市場，希望能夠找到像台灣超市賣的雞蛋布丁解饞，可是只尋獲「Rice Pudding」。Rice Pudding……ok，照字面翻譯是「米布丁」？心想既然都有「布丁」字，應該和雞蛋布丁不會差太遠吧？隨即買回家。

待我回家拆開包裝，湯匙挖進布丁的那一瞬間我就知道此「布丁」非彼「布丁」了。因為我心裡盼望的布丁，是似蒸蛋般的滑嫩，而這布丁是軟綿得不成形的團狀物，其淡黃色的濃稠中還有一顆顆的西米（Tapioca）。嘗一口，嗯，非常濃重的人工香草味加上軟爛的口感，甜膩極了，當下大喊上當！然後決心再也不碰這

老美愛死了的「布丁」……

11年後，我還是沒愛上超市賣的米布丁，但是呢，有人說人老了口味會變是真的。

有一天，我突然莫名其妙的渴望嘗到香草與牛奶一起煮出來的香濃味，想到此腦海中便不斷浮現米布丁，而且這影像及渴望出現後便揮之不去，讓我常常在想，又碰巧在法國名廚Guy Savoy的料理書裡看到米布丁，害我終於破功，著手實驗11年前決定不愛的米布丁。一如往常，我在動手前會很仔細地把食譜讀很多遍，讀著讀著，我覺得其實傳統電鍋應該就可以煮米布丁了，研究了一下後我把米和奶的份量稍作調整，果然，不一會電鍋就蒸出一鍋香甜甜的米布丁，有著甜到心坎裡的香！

我把煮好的米布丁放到冰箱冷藏，等它涼透了才拿出

來吃。入口後，嘴裡一陣冰涼香甜，米粒QQ有彈性，香草與牛奶的甜蜜滿溢……，接下來的一整天，我沒事就會不自主地往冰箱跑，挖幾口米布丁來吃，結果不到一天的時間全部的米布丁都被我一個人吃完。跟煮飯一樣簡單的甜點，居然可以讓我這討厭吃米飯討厭到一碗白飯放在我面前怎麼也吞不下的人一口接一口的吃著，真是不可思議。

與美國超市賣的米布丁簡直是天壤之別的手工布丁，使用Arborio米煮成這種米特有的QQ口感，這樣的米，粒粒吸飽以天然香草慢燉的牛奶，散放著香草迷人的香味，誰知道米、糖、奶及香草，如此簡單的材料卻可以帶來一口口滿滿的幸福呢？

### VERANO SAYS：

不論是用蒸的還是煮的，米布丁剛煮好時會很稀，我是故意這麼做的。我覺得不應把它煮到像義式燉飯那麼乾，因為米布丁是要冰著吃，米在冷卻過程會繼續吸收牛奶變得更濃稠，我覺得太過濃稠的米布丁比較膩，但大家都可以按自己喜好調整濃稠度，要濃一點就煮久一些。

## STEPS【做法】

**1**
米不用洗，放入鍋中，加入約兩倍的水，以中火煮至沸騰，將水倒掉。

**2**
將米放入電鍋中，加入（牛奶+鮮奶油），把香草豆莢縱向割開，用刀尖把裡面的籽刮到米中，豆莢也加入，外鍋倒1杯水蒸。

**3**
電鍋跳起來後，取出豆莢，加入（糖+鹽），攪拌讓糖均勻混合，外鍋倒1/2杯水蒸，電鍋跳起來後不要開鍋蓋，讓米燜10分鐘。

**4**
因為米布丁很容易滋生細菌，煮好後，拿一個淺盆，裡面裝水和冰塊，把煮米的鍋子放入冰水中浸泡，讓米布丁迅速冷卻。

**5**
米布丁放涼後裝入容器中，移至冰箱冷藏至少2小時。

以上是傳統電鍋的做法，沒有大同電鍋的人，將米用熱水燙過後：

**1** 在裝米的鍋中加入（牛奶+鮮奶油），把香草豆莢縱向割開，用刀尖把裡面的籽刮到米中，豆莢也加入鍋中。中火煮至快要沸騰，把火轉小到牛奶只有波動的程度，每隔10分鐘攪拌一下鍋底，免得米黏鍋，煮約30分鐘（時間為參考，請自測判斷）。

**2** 加入（糖+鹽），攪拌讓糖均勻混合，再煮10分鐘左右，至70%的牛奶為米吸收即可熄火。

# 那些名廚……

認識我的人都知道我是有名的Cookbook Snob，也就是食譜書「勢利眼」，因為我很現實，只追求名廚的食譜。其實這只是真相的一半而已。

我確實是只閱讀名廚的食譜沒錯，但我所謂的名廚，是實力派的名廚。這些名廚們可能沒有姣好的身材或英俊的臉孔、不主持烹飪節目，甚至可能連名學府的學歷或是一張燙金邊的證書都沒有，所以大多數時候我提到他們的名字時，多數人的反應是「吭？那是誰？」的茫然。

我之所以追求與崇拜某些名廚，是因為他們的經歷、才華、對食物秉持的熱情，以及他們追求夢想及美味的精神。這些讓我崇拜得五體投地的名廚們，大多自小在餐廳當學徒，從在廚房洗碗打雜開始，一路爬升到大廚的頭銜，換句話說他們是穩紮穩打地從「餐廳實戰學校」畢業的。在

餐廳討生活不容易，倒楣遇到脾氣壞的大廚或是前輩，挨罵挨揍的戲碼有如家常便飯地演出，然而這些能夠從如此艱苦環境脫穎而出的廚師們，除了他們腳踏實地的努力外，還具備了高於常人的天分，以及最重要的：對食物的尊重和熱誠。這是之所以這些名廚的菜不只味美，還美在創意與投入的心思，他們的名氣是建立在同行給予的肯定，以及美食評論家讚賞之上的。於是乎，這樣的名廚才是我倣效的對象。

那麼，我到底崇拜誰呢？老實說實在太多了，應要我列個清單，還不是幾分鐘可以寫完的事，所以在此以我閱讀食譜機率最高的大廚們中選幾個來舉例吧！

在我崇拜的名廚中，甜

點師父以Pierre Hermé最得我心。Hermé被法國人稱之為甜點界的畢卡索，因為他永無止境的創意；他尤以創作令人意想不到的味道和口感搭配出名，但是我最崇拜他的地方在於他甜點的細膩。怎麼說呢？他的甜點，從最微小的細節費盡工夫講求口感與味道的完美，這與大多數甜點師傅著重於甜點裝飾和賣相不同。實際上，如果你聞名去見識Hermé的甜點，若光看賣相，可能會大失所望，因為他的蛋糕絕對不是最花俏或最令人驚艷的蛋糕。可是，他教的餅乾、慕斯、macaron小圓餅、奶油霜等，卻是我吃過最讓我驚嘆和感動的美味。

義大利菜我最欣賞Giorgio Locatelli。他在英國的義大利餐廳，據說連英國皇族都會光顧，我喜歡讀他食譜字裡行間透露出的用心以及對義大利菜的美味與傳統的堅持（而且不是普通之堅持，有時他洋洋

灑灑的寫個十幾頁就只是講麵條的口感和做法，還沒有講到食譜），另外我還喜歡他坦率的態度，完全不怕表達自己的意見，有時還大膽地批評或是點破一些慣有的義大利迷思或是大罵基因改良的農作物，非常有趣。

研習法國菜，我最常拜讀Thomas Keller的食譜。他是少數受到世界各地老饕們肯定的美國土生土長廚師，而且他在北加州的餐廳在許多烹調理念上對美國人來說算是新穎的，又因為他的書是英文的關係，我比較熟悉他的食譜。他的食譜書寫得很詳細，同時分享他的人生體驗與他對土地和食材的尊敬，讓我受益良多。

除了美國的Keller，做法國菜當然要研讀法國名廚的食譜才行，像是Paul Bocuse。Bocuse是法國料理界的巨匠，他的菜對當代法國料理的影響很深，早在七0年代，法國高

級料理仍舊使用重奶油時，他已堅持「自然的」烹調。他與當代其他名廚，像是Troisgros兄弟、Michel Guérard和Roger Vergé等，帶頭讓法國菜進入著重當令新鮮蔬果的使用和較傳統法國菜清爽的口感。Bocuse烹飪哲學在於對頂級新鮮食材的堅持(他所謂的「頂級食材」，尤其指材料的新鮮度，不一定是非要高級昂貴的食材不可)，他認為若使用次等的材料，即使是頂級的廚師也只能煮出次等的料理。多麼基本，卻往往被人忽視的道理。

另外，我喜歡閱讀Alain Ducasse的書籍，因為Ducasse是個奇才，他不但廚藝精湛，而且是個商業天才，在世界各地經營很多摘到米其林星星(Michelin Stars)的餐廳。他最有名的是一個食材在同一道菜裡用不同烹調法、口感和調味呈現，他的菜與甜點都有編成有如百科全書的精

裝本(一本書超過700個食譜呢！)，書籍也實在精美，但Ducasse很有個性地不為凡夫俗子簡化食譜，食譜之複雜，令人歎為觀止，連我這種為了吃可以排除萬難的人看他的食譜都怯步三分。可是，我欣賞Ducasse的率性，或許總有一天我會去嘗試實驗他的料理。目前為止，我還是純欣賞就好。

法國菜我喜愛的廚師太多了，除了上述的Thomas Keller、Paul Bocuse和Alain Ducasse，還有Fernand Point、Guy Savoy和Joël Robuchon等名廚，只能說，名廚太多、烹飪與料理的路之長，但書的頁面也有限，無法在此一一介紹我閱讀的名廚食譜，但是希望我長期拜讀這些名廚食譜所學的知識與技巧，甚至名廚烹調與烘焙的精神有在這本書裡留下一些影子，以傳達這些名廚們對美食所秉持的熱情給讀者。

## COOK50系列　　基礎廚藝教室

COOK50001　做西點最簡單　賴淑萍著　定價280元
COOK50002　西點麵包烘焙教室──乙丙級烘焙食品技術士考照專書　陳鴻霆、吳美珠著　定價480元
COOK50005　烤箱點心百分百　梁淑嫈著　定價320元
COOK50007　愛戀香料菜──教你認識香料、用香料做菜　李櫻瑛著　定價280元
COOK50009　今天吃什麼──家常美食100道　梁淑嫈著　定價280元
COOK50010　好做又好吃的手工麵包──最受歡迎麵包大集合　陳智達著　定價320元
COOK50012　心凍小品百分百──果凍・布丁（中英對照）　梁淑嫈著　定價280元
COOK50015　花枝家族──透抽、軟翅、魷魚、花枝、章魚、小卷大集合　邱筑婷著　定價280元
COOK50017　下飯ㄟ菜──讓你胃口大開的60道料理　邱筑婷著　定價280元
COOK50018　烤箱宴客菜──輕鬆漂亮做佳餚（中英對照）　梁淑嫈著　定價280元
COOK50019　3分鐘減脂美容茶──65種調理養生良方　楊錦華著　定價280元
COOK50021　芋仔蕃薯──超好吃的芋頭地瓜點心料理　梁淑嫈著　定價280元
COOK50022　每日1,000Kcal瘦身餐──88道健康窈窕料理　黃苡菱著　定價280元
COOK50023　一根雞腿──玩出53種雞腿料理　林美慧著　定價280元
COOK50024　3分鐘美白塑身茶──65種優質調養良方　楊錦華著　定價280元
COOK50025　下酒ㄟ菜──60道好口味小菜　蔡萬利著　定價280元
COOK50028　絞肉の料理──玩出55道絞肉好風味　林美慧著　定價280元
COOK50029　電鍋菜最簡單──50道好吃又養生的電鍋佳餚　梁淑嫈著　定價280元
COOK50032　纖瘦蔬菜湯──美麗健康、免疫防癌蔬菜湯　趙思姿著　定價280元
COOK50033　小朋友最愛吃的菜──88道好做又好吃的料理點心　林美慧著　定價280元
COOK50035　自然吃・健康補──60道省錢全家補菜單　林美慧著　定價280元
COOK50036　有機飲食的第一本書──70道新世紀保健食譜　陳秋香著　定價280元
COOK50037　靚補──60道美白瘦身、調經豐胸食譜　李家雄、郭月英著　定價280元
COOK50038　寶寶最愛吃的營養副食品──4個月～2歲嬰幼兒食譜　王安琪著　定價280元
COOK50039　來塊餅──發麵燙麵異國點心70道　趙柏淯著　定價300元
COOK50040　義大利麵食精華──從專業到家常的全方位祕笈　黎俞君著　定價300元
COOK50041　小朋友最愛喝的冰品飲料　梁淑嫈著　定價260元
COOK50042　開店寶典──147道創業必學經典飲料　蔣馥安著　定價350元
COOK50043　釀一瓶自己的酒──氣泡酒、水果酒、乾果酒　錢薇著　定價320元
COOK50044　燉補大全──超人氣・最經典，吃補不求人　李阿樹著　定價280元
COOK50045　餅乾・巧克力──超簡單・最好做　吳美珠著　定價280元
COOK50046　一條魚──1魚3吃72變　林美慧著　定價280元
COOK50047　蒟蒻纖瘦健康吃──高纖・低卡・最好做　齊美玲著　定價280元
COOK50048　Ellson的西餐廚房──從開胃菜到甜點通通學會　王申長著　定價300元
COOK50049　訂做情人便當──愛情御便當的50X70種創意　林美慧著　定價280元
COOK50050　咖哩魔法書──日式・東南亞・印度・歐風＆美食・中式60選　徐招勝著　定價300元
COOK50051　人氣咖啡館簡餐精選──80道咖啡館必學料理　洪嘉妤著　定價280元
COOK50052　不敗的基礎日本料理──我的和風廚房　蔡全成著　定價300元
COOK50053　吃不胖甜點──減糖・低脂・真輕盈　金一鳴著　定價280元
COOK50054　在家釀啤酒Brewers' Handbook──啤酒DIY和啤酒做菜　錢薇著　定價320元
COOK50055　一定要學會的100道菜──餐廳招牌菜在家自己做　蔡全成、李建錡著　特價199元
COOK50056　南洋料理100──最辛香酸辣的東南亞風味　趙柏淯著　定價300元
COOK50057　世界素料理100──5分鐘簡單蔬果奶蛋素　洪嘉妤著　定價300元
COOK50059　低卡也能飽──怎麼也吃不胖的飯、麵、小菜和點心　傅心梅審訂　蔡全成著　定價280元
COOK50060　自己動手醃東西──365天醃菜、釀酒、做蜜餞　蔡全成著　定價280元
COOK50061　小朋友最愛吃的點心──5分鐘簡單廚房，好做又好吃！　林美慧著　定價280元
COOK50062　吐司、披薩變變變──超簡單的創意點心大集合　夢幻料理長Ellson＆新手媽咪Grace著　定價280元
COOK50063　男人最愛的101道菜──超人氣夜市小吃在家自己做　蔡全成、李建錡著　特價199元
COOK50064　養一個有機寶寶──6個月～4歲的嬰幼兒副食品、創意遊戲和自然清潔法　唐芩著　定價280元
COOK50065　懶人也會做麵包──一下子就OK的超簡單點心！　梁淑嫈著　定價280元
COOK50066　愛吃重口味100──酸香嗆辣鹹，讚！　趙柏淯著　定價280元
COOK50067　咖啡新手的第一本書──從8～88歲，看圖就會煮咖啡　許逸淳著　特價199元
COOK50068　一定要學會的沙拉和醬汁110──55道沙拉×55種醬汁（中英對照）　金一鳴著　定價300元
COOK50069　好想吃起司蛋糕──用市售起司做點心　金一鳴著　定價280元
COOK50070　一個人輕鬆煮──10分鐘搞定麵、飯、小菜和點心　蔡全成、鄭亞慧著　定價280元
COOK50071　瘦身食材事典──100種食物讓你越吃越瘦　張湘寧編著　定價380元

COOK50072　30元搞定義大利麵──快，省，頂級 美味在家做 洪嘉妤著 特價199元
COOK50073　蛋糕名師的私藏祕方──慕斯&餅乾&塔派&蛋糕&巧克力&糖果 蔡捷中著 定價350元
COOK50074　不用模型做點心──超省錢、零失敗甜點入門 盧美玲著 定價280元
COOK50075　一定要學會的100碗麵──店家招牌麵在家自己做 蔡全成、羅惠琴著 特價199元
COOK50076　曾美子的黃金比例蛋糕──近700個超詳盡步驟圖，從基礎到進階的西點密笈 曾美子著 定價399元
COOK50077　外面學不到的招牌壽司飯丸──從專業到基礎的全方位密笈 蔡全成著 定價300元
COOK50078　趙柏淯的招牌飯料理──炒飯、炊飯、異國飯、燴飯&粥 趙柏淯著 定價280元
COOK50079　意想不到的電鍋菜100──蒸、煮、炒、烤、滷、燉一鍋搞定 江豔鳳著 定價280元
COOK50080　趙柏淯的私房麵料理──炒麵、涼麵、湯麵、異國麵&餅 趙柏淯著 定價280元
COOK50081　曾美子教你第一次做麵包──超簡單、最基礎、必成功 曾美子著 定價320元
COOK50082　第一次擺攤賣小吃──3萬元創業賺大錢 鄭亞慧、江豔鳳著 定價280元
COOK50083　一個人輕鬆補──3步驟搞定料理、靚湯、茶飲和甜點 蔡全成、鄭亞慧著 特價199元
COOK50084　烤箱新手的第一本書──飯、麵、菜與湯品統統搞定（中英對照） 定價280元
COOK50085　自己種菜最好吃──100種吃法輕鬆烹調＆15項蔬果快速收成 陳富順著 定價280元
COOK50086　100道簡單麵點馬上吃──利用不發酵麵糰和水調麵糊做麵食 江豔鳳著 定價280元
COOK50087　10×10＝100──怎樣都是最受歡迎的菜 蔡全成著 特價199元
COOK50088　喝對蔬果汁不生病──每天1杯，嚴選200道好喝的維他命 楊馥美編著 定價280元
COOK50090　新手烘焙珍藏版──500張超詳細圖解零失敗＋150種材料器具全介紹 吳美珠著 定價350元
COOK50091　人人都會做的電子鍋料理100──煎、煮、炒、烤，料理、點心一個按鍵統統搞定！ 江豔鳳著 特價199元
COOK50092　餅乾‧果凍布丁‧巧克力──西點新手的不失敗配方 吳美珠著 定價280元
COOK50093　網拍美食創業寶典──教你做網友最愛的下標的主食、小菜、甜點和醬料 洪嘉妤著 定價280元
COOK50094　這樣吃最省－省錢省時省能源做好菜 江豔鳳著 特價199元
COOK50095　這些大廚教我做的菜──理論廚師的實驗廚房 黃舒萱著 定價360元

# BEST讚系列　最讚的流行美味

BEST讚！01　最受歡迎的火鍋＆無敵沾醬 王申長著 特價199元
BEST讚！02　隨手做咖哩──咖哩醬、咖哩粉、咖哩塊簡單又好吃 蔡全成著 定價220元

# TASTER系列　吃吃看流行飲品

TASTER001　冰砂大全──112道最流行的冰砂 蔣馥安著 特價199元
TASTER003　清瘦蔬果汁──112道變瘦變漂亮的果汁 蔣馥安著 特價169元
TASTER004　咖啡經典──113道不可錯過的冰熱咖啡 蔣馥安著 定價280元
TASTER005　瘦身美人茶──90道超強效減脂茶 洪依蘭著 定價199元
TASTER007　花茶物語──109道單方複方調味花草茶 金一鳴著 定價230元
TASTER008　上班族精力茶──減壓調養、增加活力的嚴選好茶 楊錦華著 特價199元
TASTER009　纖瘦醋──瘦身健康醋DIY 徐因著 特價199元
TASTER010　懶人調酒──100種最受歡迎的雞尾酒 李佳紋著 定價199元

# QUICK系列　快手廚房

QUICK001　5分鐘低卡小菜──簡單、夠味、經典小菜113道 林美慧著 特價199元
QUICK002　10分鐘家常快炒──簡單、經濟、方便菜100道 林美慧著 特價199元
QUICK003　美人粥──纖瘦、美顏、優質粥品65道 林美慧著 定價230元
QUICK004　美人的番茄廚房──料理‧點心‧果汁‧面膜DIY 王安琪著 特價169元
QUICK006　CHEESE!起司蛋糕──輕鬆做乳酪點心和抹醬 賴淑芬及日出大地工作團隊著 定價230元
QUICK007　懶人鍋──快手鍋、流行鍋、家常鍋、養生鍋70道 林美慧著 特價199元
QUICK008　義大利麵‧焗烤──義式料理隨手做 洪嘉妤著 特價199元
QUICK009　瘦身沙拉──怎麼吃也不怕胖的沙拉和瘦身食物 郭玉芳著 定價199元
QUICK010　來我家吃飯──懶人宴客廚房 林美慧著 定價199元
QUICK011　懶人焗烤──好做又好吃的異國烤箱料理 王申長著 特價199元
QUICK012　懶人飯──最受歡迎的炊飯、炒飯、異國風味飯70道 林美慧著 定價199元
QUICK013　超簡單醋物‧小菜──清淡、低卡、開胃 蔡全成著 定價230元
QUICK014　懶人烤箱菜──焗烤、蔬食、鮮料理，聰明搞定 梁淑嫈著 定價199元
QUICK015　5分鐘涼麵‧涼拌菜──低卡開胃纖瘦吃 趙柏淯著 定價199元
QUICK016　日本料理實用小百科──詳細解說工具的使用、烹調的方法、料理名稱的由來 中村昌次著 定價320元

COOK50095

# 這些大廚教我做的菜

## 理論廚師的實驗廚房

國家圖書館出版品預行編目資料

這些大廚教我做的菜
理論廚師的實驗廚房
黃舒萱Verano 著.─初版─台北市：
朱雀文化，2008〔民97〕
面； 公分.── (Cook50；095)
ISBN 978-986-6780-36-3（平裝）
1.食譜
427.1

作者/攝影■黃舒萱Verano
美術設計■鄭雅惠
文字編輯■洪依蘭
校對■連玉瑩
企劃統籌■李橘
發行人■莫少閒
出版者■朱雀文化事業有限公司
地址■台北市基隆路二段13-1號3樓
電話■(02)2345-3868
傳真■(02)2345-3828
劃撥帳號■19234566 朱雀文化事業有限公司
e-mail■redbook@ms26.hinet.net
網址■http://redbook.com.tw
總經銷■成陽出版股份有限公司
ISBN■978-986-6780-36-3
初版五刷■2011.03
　　　　　■
定價■360元
出版登記■北市業字第1403號
全書圖文未經同意不得轉載

出版登記北市業字第1403號
全書圖文未經同意．不得轉載和翻印

**About買書：**